高职高专面向就业导向实践教程系列
高等职业教育“十三五”规划教材

网络存储实践教程

主　编　高　强　潘　俊　胡　洋
副主编　刘　杰　李伟群
参　编　洪锐锋　雷家星

机械工业出版社

本书主要介绍了网络存储技术，通过一系列的网络存储实训内容，让读者对网络存储技术有初步了解，懂得如何操作基本的存储网络。

全书共7章：第1章存储基础知识，主要介绍存储技术的发展概述，了解存储的概念和内容、存储网络的概念等方面的知识，系统地介绍了网络存储知识，对华为S2600\S5000\S5000T基本部件与硬件安装实验的教程进行了讲解；第2章硬盘基础知识，主要介绍了硬盘的发展和基本操作实验；第3章RAID技术及应用，主要介绍了RAID的基本概念与技术原理，以及RAID的数据组织方式、校验、保护机制、几种状态、级别与分类标准、LUN的关系等；第4章存储网络技术与应用，重点介绍有关存储网络的发展、系统技术及组网实验；第5章存储系统管理与基本配置，主要介绍ISM管理软件的安装使用与SAN存储管理的配置实验；第6章SAN网络存储系统日常维护，主要介绍SAN网络存储系统日常维护；第7章LUN拷贝与快照技术，重点介绍LUN拷贝、虚拟快照及定时快照的原理与创建。

本书可作为应用型、技能型人才培养的计算机专业及相关专业的教学用书，也可供对网络存储技术感兴趣的专业人士参考。

图书在版编目（CIP）数据

网络存储实践教程／高强，潘俊，胡洋主编. —北京：机械工业出版社，2019.3
高等职业教育“十三五”规划教材
ISBN 978-7-111-62005-1

Ⅰ.①网… Ⅱ.①高… ②潘… ③胡… Ⅲ.①计算机网络-信息存贮-高等职业教育-教材 Ⅳ.①TP393.0

中国版本图书馆CIP数据核字（2019）第028918号

机械工业出版社（北京市百万庄大街22号 邮政编码100037）
策划编辑：刘子峰 责任编辑：赵志鹏 陈文龙
责任校对：梁 倩 封面设计：陈 沛
责任印制：孙 炜
保定市中画美凯印刷有限公司印刷

2019年4月第1版·第1次印刷
184mm×260mm·9.5印张·221千字
0 001-1900册
标准书号：ISBN 978-7-111-62005-1
定价：25.00元

凡购本书，如有缺页、倒页、脱页，由本社发行部调换

电话服务
服务咨询热线：010-88379833
读者购书热线：010-68326294

网络服务
机 工 官 网：www.cmpbook.com
机 工 官 博：weibo.com/cmp1952
教育服务网：www.cmpedu.com
金 书 网：www.golden-book.com

高职高专面向就业导向实践教程系列
编委会名单

序

“高职高专面向就业导向实践教程系列”是2013年广东省教育厅立项课题《面向大学生就业能力的实践教学质量评价体系研究与构建》的研究成果，自编写以来，得到了许多高等院校和职业技术学院领导的关心与厚爱，也获得了广大师生的支持和认可。在此，首先对所有关心、帮助过此套丛书编写的人们表示深深的敬意。

所谓“就业导向”，不只是一个简单的概念，而是包含了深刻的哲理。学习的目的，特别是对于未来想从事工程师职业的学生而言，不仅仅是学习某一门特定的学科知识，而是应该更进一步，获得如何利用这些知识去解决生产实际问题的能力，也就是动手能力。同时，实践教学的内容是面向就业导向的研究前提与基础，也是建设国家示范性高职院校的重点内容之一，是高职人才培养的方式与定位建设的重要内容，是提高教学质量的核心，也是教学改革的重点和难点。面向就业导向的实践教学主要内容是根据就业岗位中的实际需求，帮助学生了解并掌握岗位技能，解决岗位实际问题。而这种解决问题的能力只有从实践中才能获得。当然，单纯的实践也无法获得真正的能力，关键是如何从实践的经验和体会中归纳出共性的知识，建立起知识体系，然后再将这些知识重新应用到新的实践当中去。这也是我们在未来实际工作中所必须采取的学习和工作方法。因此，如何在大学阶段的学习中，掌握自我学习和提高的方法，是本系列教材编写的根本目的。

为了使高职院校建立一套完整的具有高等职业教育特色的就业导向实践教学体系，以培养出适合企业需要的紧缺的高技能人才，本课题研究组在吸取其他高职院校建设经验的同时，消化吸收国内外各类高职课程改革与建设成果，创建了一套符合高职教学理念、适合自身特点的实践教学课程体系。本系列教材，就是将这套研究理论有机地融入其中，并按照学生未来学习和工作的方法编写而成的。做到了这一点，才是真正实践了就业导向的哲学理念：实践、归纳、推理和再实践。

项目总策划　胡　洋

2017年5月于广州

前 言

随着信息化进程的加快，几乎所有的企事业单位都有了自己的计算机网络存储，由此产生的网络存储管理人才的需求缺口正在逐年扩大。随着网络存储应用的不断发展，企业发展对存储的依赖性将越来越强，而掌握精尖网络技术的人才也会变得越来越受欢迎。

本书作为网络存储工程师认证的培训教材，主要面向网络存储维护工程师，以及准备参加相关认证考试的人员；辅以实际的网络存储案例，以实用和技能为主，简明的操作为引导，摒弃了复杂的原理，通俗易懂，上手容易。读者只需按照书中的操作来学习，就能掌握相应的技能，学完本套书之后，即可掌握基本的网络存储知识。

全书共7章，详细介绍网络存储的规划与设计、各种数据的备份与恢复等内容。第1章是存储基础知识，介绍存储技术发展背景、现状和趋势。第2章是硬盘基础知识，硬盘是最重要的存储介质，本章从硬盘的工作原理 、关键参数、常见接口及发展趋势来进行阐述。第3章是RAID技术及应用，RAID是磁盘阵列最核心的技术，本章详细介绍了RAID数据组织方式、级别原理、应用场景，要求读者具备RAID规划和操作时的技术决策能力。第4章是存储网络技术与应用，详细介绍存储系统的基本构成和各组件功能，要求读者熟悉FC-SAN和IP-SAN的关键技术和基础知识，熟悉NAS系统的基本结构和概念，掌握存储系统与网络技术，具备典型存储网络规划与部署的技术能力。第5章是存储系统管理与基本配置，详细介绍了ISM管理软件，要求读者熟练掌握ISM使用，掌握存储阵列具体配置步骤和配置流程，了解CLI登录与常用命令，能够完成SAN存储端的基本配置和映射。第6章是SAN网络存储系统日常维护，详细介绍了SAN存储产品基本维护流程、工具和方法，要求读者掌握SAN存储产品常见故障的诊断和处理，能够独立完成SAN存储的日常维护、信息收集和部件更换操作。第7章是LUN拷贝与快照技术，详细介绍了LUN拷贝技术与快照技术原理，要求读者能自主配置LUN拷贝、虚拟快照及定时快照。

为了让读者更深入地了解所学的知识，本书在各章节中还配置了思考题和实验，从而可以起到复习和测验的作用，能使读者尽快迈入网络存储工程师的行列。

本书由高强、潘俊、胡洋任主编，刘杰、李伟群任副主编，洪锐锋 、雷家星参与编写。

由于编者水平有限，书中错误及疏漏之处在所难免，恳请广大读者批评指正。

编 者

目　录

第1章　存储基础知识

任务1.1　存储技术发展概述

任务目标

1）了解存储技术的发展、现状和趋势。

2）了解存储的组成和体系结构。

存储是一个由设备和存储介质等组成的用于存放数据信息的外部存储系统，是计算机技术发展的结果。它是数据临时或长期驻留的物理媒介，是保证数据完整、安全存放的方式或行为。

1. 存储的组成

存储介质：硬盘、磁带、光盘、软盘和闪存。

存储设备：磁带机、磁带库、虚拟磁带库和磁盘阵列。

存储组件：当今的存储技术不是一个孤立的技术，完整的存储系统应该由一系列组件构成，包括存储硬件、存储软件以及实际应用时的存储解决方案，如图1-1所示。

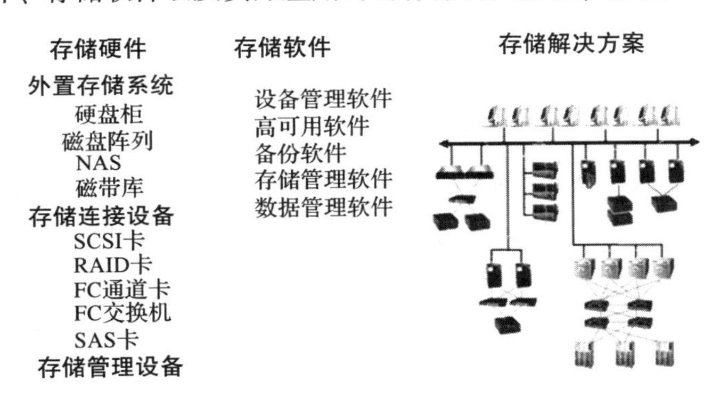

图1-1　存储组件

存储硬件又分为外置存储系统（主要是指实际的存储设备，比如磁盘阵列和磁带库等），用来连接存储设备和主机系统的存储连接设备，以及用来管理整个系统的存储管理设备。

存储软件使得存储设备的可用性得到了大大的提高，数据的镜像、复制，自动的数据备份等数据操作都可以通过对存储软件的控制来完成。

设计良好的存储解决方案，是数据存储工作更加简单易行的最佳保障。设计优秀的存储解决方案，不仅可以使存储系统在实际部署的时候更简单容易，而且可以降低客户的总体拥有成本（TCO），使客户的投资得到良好的保护。

2. 存储体系结构

当前存储的主要体系结构有 3 种：DAS、NAS、SAN。

存储发展趋势如下：

1）重复数据删除。

2）SSD（Solid State Drives，固态硬盘）。

3）云存储。

4）虚拟化环境的保护。

5）一体化应用存储设备。

6）非结构化数据存储与管理。

7）备份容灾。

3. 存储对企业的影响与价值

信息时代，数据和信息的有效存储和使用至关重要。

例如，美国 911 事件带来的存储信息丢失造成商界巨大震荡，导致大量公司破产，严重影响美国经济，波及世界经济。德州大学对于灾难性数据丢失导致公司倒闭的调查分析如图 1-2 所示。那么怎样才能保护好这些信息呢？需要有效的容灾备份，这关键在于需要有高可靠性的存储信息的设备。

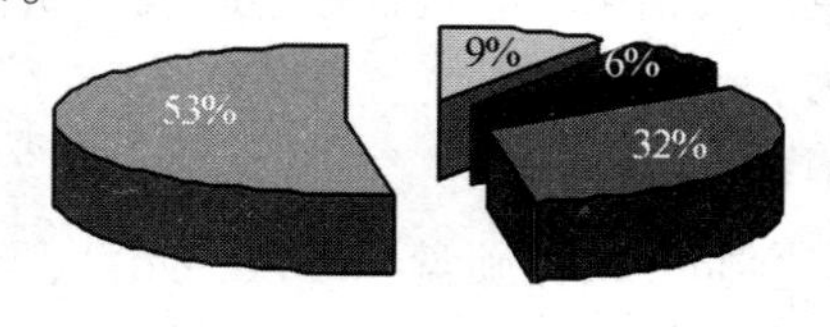

图 1-2　调查分析图示

4. 存储介质

信息存储的介质包括以下几种。

1）硬盘：计算机主要的存储媒介之一，由一个或多个铝制或者玻璃制的碟片组成。其特点是寻址访问、数据存储速度快、成本高，适合用在快速响应访问的场合。

2）磁带：一种用于记录声音、图像、数字或其他信号的载有磁层的带状材料，是产量最大和用途最广的一种磁记录材料。其特点是顺序读写、读写速度快、容量大、脱机存放容易、成本低，适合用在长期保存、快速读写的场合。

3）光盘：光盘以光信息作为存储物的载体，其特点是寻址访问、保存简单、可靠性高、低成本，适合用在长期保留、对写速度要求不高的场合。

4）软盘：软盘的读写通过软盘驱动器完成，其特点是数据存取速度慢、容量小、低成本，适合用在小文件移动、对读写速度要求不高的场合。

5）闪存：一种非易失性的内存器件。其特点是能长久保存数据、容量可观、携带方便，适合用在长期保存、对读速度要求不高的场合。

5. 存储设备

信息存储系统常用的存储设备如图 1-3 所示。

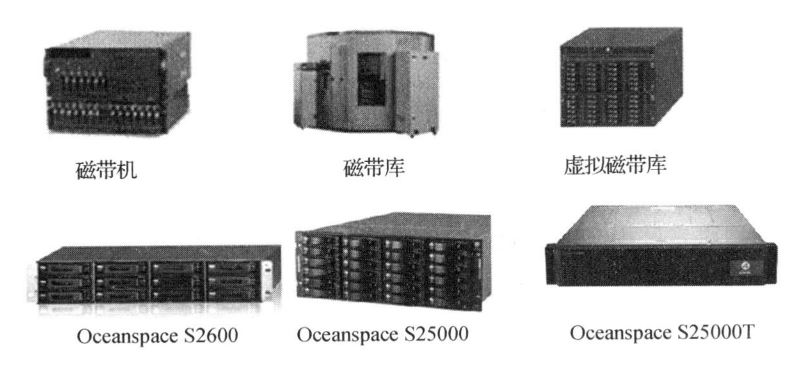

图 1-3　常用存储设备

1）磁带机（Tape Drive）：传统数据存储备份中最常见的一种存储设备。磁带机一般指单驱动器产品，通常由磁带驱动器和磁带构成，是一种经济、可靠、容量大、速度快的备份设备。这种产品采用高纠错能力编码技术和写后即读通道技术，可以大大提高数据备份的可靠性。

2）磁带库（Tape Library）：基于磁带的备份系统，磁带库由多个驱动器、多个槽、机械手臂组成，并可由机械手臂自动实现磁带的拆卸和装填。它能提供和磁带机一样的自动备份和数据恢复功能，但同时具有更先进的技术特点。它可以多个驱动器并行工作，也可以几个驱动器指向不同的服务器来作备份，存储容量达到 PB（$1PB \approx 10^6 GB$）级，可实现连续备份、自动搜索磁带等功能，并可在管理软件的支持下实现智能恢复、实时监控和统计，是集中式网络数据备份的主要设备。磁带库不仅数据存储量大得多，而且在备份效率和人工占用方面拥有无可比拟的优势。

3）磁盘阵列（Disk Array）：由一个磁盘控制器来控制多个磁盘的相互连接，在逻辑上对其进行整合，以减少错误、增加效率和可靠度的技术。

4）虚拟磁带库（Virtual Tape Library）：通常为一种专用的计算工具（Appliance），它可以仿真物理磁带库的驱动器和在磁盘上存储备份映像。VTL 允许使用现有的磁带备份软件，管理人员之所以对这些工具感兴趣是因为用于备份管理的经验与使用物理磁带机相同。VTL 允许客户配置虚拟磁带驱动器、虚拟磁带盒和指定磁带盒容量。物理磁带库需要购买并安装额外的磁带驱动器，与物理磁带库不同，VTL 通过改变软件配置即可增加虚拟磁带驱动器，而这不需要花费任何额外的硬件成本（磁带库和磁带机它们的区别就像实体机和虚拟机的区别）。

6. 备份

(1) 数据备份的概念

数据备份是将数据以某种方式加以保留，以便在系统遭受破坏或其他特定情况下重新加以利用的一个过程。数据备份的核心是恢复，一个无法恢复的备份对于任何系统来说都是毫无意义的。

(2) 数据备份的原则

1）稳定性。备份产品的主要作用是为系统提供一个数据保护的方法，于是备份的稳定性和可靠性就变成了最重要的一个方面。首先，备份软件一定要与操作系统100%兼容；其次，当事故发生时能够快速有效地恢复数据。

2）全面性。在复杂的计算机网络环境中，可能包括了各种操作平台（UNIX、Windows、Linux等），并安装了各种应用系统（如ERP、数据库、集群系统等），备份系统要支持各种操作系统、数据库和典型应用。

3）自动化。很多系统由于工作性质，对何时备份、用多长时间备份都有一定的限制。系统在非工作时间负荷较轻，适于备份。因此，备份方案应能提供定时的自动备份，并利用自动磁带等技术进行自动更换磁带。在自动备份过程中，还要有日志记录功能，并在出现异常情况时自动报警。

4）高性能。随着业务的不断发展，数据越来越多，更新越来越快，在休息时间来不及备份如此多的内容，所以需要考虑提高数据备份的速度，利用多种技术可加快对数据的备份，充分利用通道的带宽和性能。

5）操作简单。数据备份应用于不同领域，进行数据备份的操作管理人员也处于不同的层次。这就需要一个直观、操作简单的，在任何操作系统平台下都统一的图形化用户界面，以缩短操作人员的学习时间，减轻操作人员的工作压力，使备份工作得以轻松设置和完成。

6）容灾考虑。将本地的数据远程复制一份，存放在远离数据中心的地方，以防数据中心发生不可预测的灾难。

（3）备份系统的组成

1）备份客户端。

2）备份服务器。

3）备份存储单元。

4）备份管理软件。

（4）备份组网

1）Host-Based备份方式：传统的数据备份结构，这种结构中磁带库直接接在服务器上，而且只为该服务器提供数据备份服务。在大多数情况下，这种备份是采用服务器上自带的磁带机，而备份操作往往也是通过手工操作的方式进行的。

优缺点：优点是数据传输速度快，备份管理简单；缺点是不利于备份系统的共享，不适合现在大型的数据备份要求。

2）LAN-Based备份方式：在该系统中，数据的传输是以网络为基础的，其中配置一台服务器作为备份服务器，由它负责整个系统的备份操作。磁带库则接在某台服务器上，在数据备份时备份对象把数据通过网络传输到磁带库中实现备份，如图1-4a所示。

优缺点：优点是节省投资、磁带库共享、集中备份管理；缺点是对网络传输压力大。

3）LAN-Free备份方式：建立在SAN（存储区域网）的基础上，基于SAN的备份是一种彻底解决传统备份方式需要占用LAN带宽问题的解决方案。它采用一种全新的体系结构，将磁带库和磁盘阵列各自作为独立的网络节点，多台主机共享磁带库备份时，数据流不再经过网络而直接从磁盘阵列传到磁带库内，是一种无需占用网络带宽（LAN-Free）的解决方案，如图1-4b所示。目前随着SAN技术的不断进步，LAN-Free的结构已经相当成熟。

优缺点：优点是数据备份统一管理、备份速度快、网络传输压力小、磁带库资源共享；缺点是投资高。

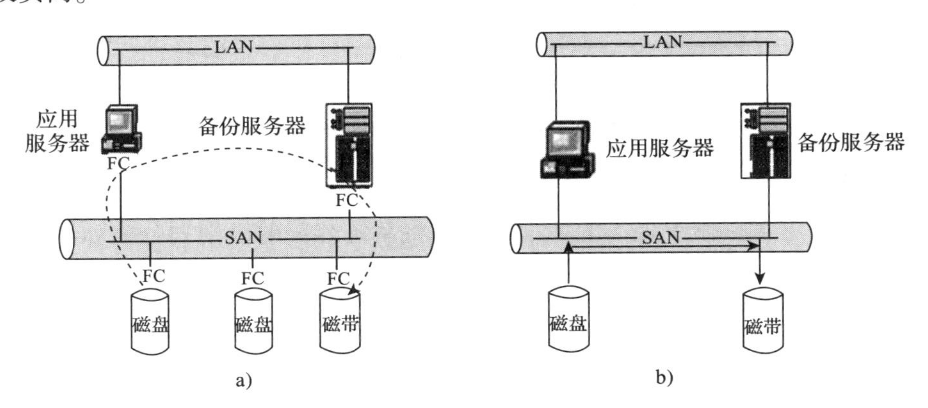

图 1-4　备份

a）LAN-Based 备份　b）LAN-Free 备份

（5）数据备份的类型

1）全备份：备份系统中的所有数据。优点是恢复时间最短、最可靠、操作最方便；缺点是备份的数据量大，备份所需时间长。

2）增量备份：备份上一次备份以后更新的所有数据。优点是每次备份的数据少，占用空间少，备份时间短；缺点是恢复时需要全备份及多份增量备份。

3）差量备份：备份上一次全备份以后更新的所有数据。优点是数据恢复时间短；缺点是备份时间长，恢复时需要全备份及差量备份。

7. 容灾与备份

（1）容灾的定义

容灾就是尽量减少或避免因灾难发生而造成的损失。

备份是容灾的基础，即将全部或部分数据集合从应用主机的硬盘或阵列复制到其他存储介质的过程。但容灾不是简单的备份，真正的数据容灾就是要避免传统冷备份的先天不足，它能在灾难发生时，全面、及时地恢复整个系统 。由于容灾所承担的是用户最关键的核心业务，其重要性毋庸置疑，因此也决定了容灾是一个工程，而不仅仅是技术。

（2）容灾指标

1）恢复时间目标（Recovery Time Objectives，RTO）：当灾难发生后，生产系统再次恢复工作所需的时间，如图 1-5 所示。它是灾难发生后到重新恢复系统运作所花费时间的指标。

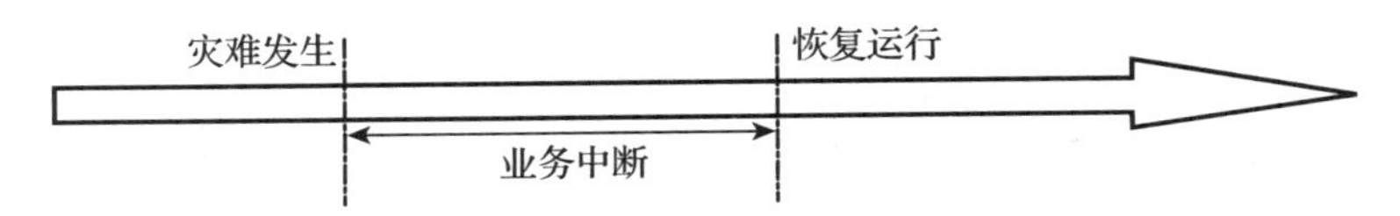

图 1-5　RTO（恢复时间目标示意图）

2）恢复点目标（Recovery Point Objectives，RPO）：当灾难发生后，容灾系统能将数据恢复到灾难发生前的哪一个时间点的数据，如图 1-6 所示。它是系统在灾难发生后将损失多少数据的指标。

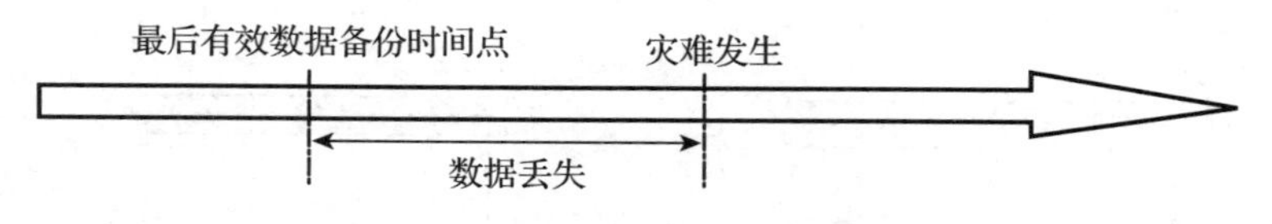

图 1-6　RPO（恢复点目标示意图）

（3）容灾级别

根据 SHARE 78 国际组织提出的标准，可以将系统容灾的级别划分为如图 1-7 所示的 7 级。

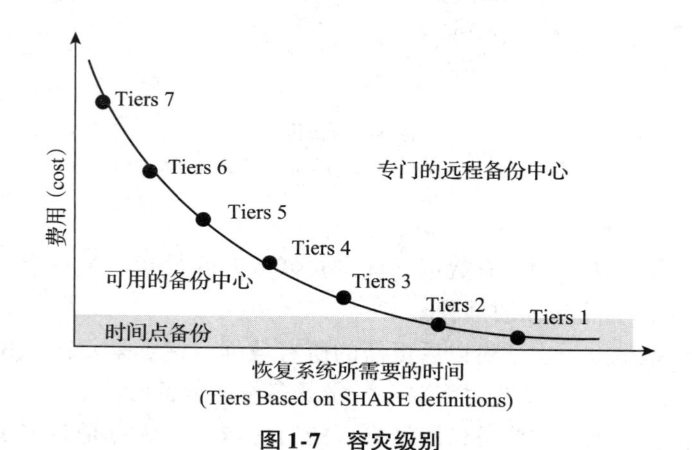

图 1-7　容灾级别

任务 1.2　认识存储网络

任务目标

1）了解存储网络产生的原因。

2）了解存储网络的基本形态。

1. 存储网络产生的背景

在传统的计算机存储系统中，存储工作通常是由计算机内置的硬盘来完成的，而采用这样的设计方式，硬盘本身的缺陷很容易成为整个系统的性能瓶颈，并且，由于机箱内有限的空间，限制了硬盘数量的扩展，同时也对机箱内的散热、供电等提出了严峻的挑战。再加上不同的计算机各自为战，使用各自内置的硬盘，导致从总体看来存储空间的利用率较低。在传统的 C/S 架构中，无论使用的是何种协议，存储设备都直接与服务器相连接。在这样的结构下，对存储设备上所保存的所有数据的任何读写操作，都必须由服务器来进行，这样的处理方式给服务器带来了沉重的负担。图 1-8 所示网络存储系统的出现，彻底将服务器从烦琐的 I/O 操作中解放出来，使服务器更加专门化，仅仅承担应用数据的操作任务，以便更充分地释放自身潜能。

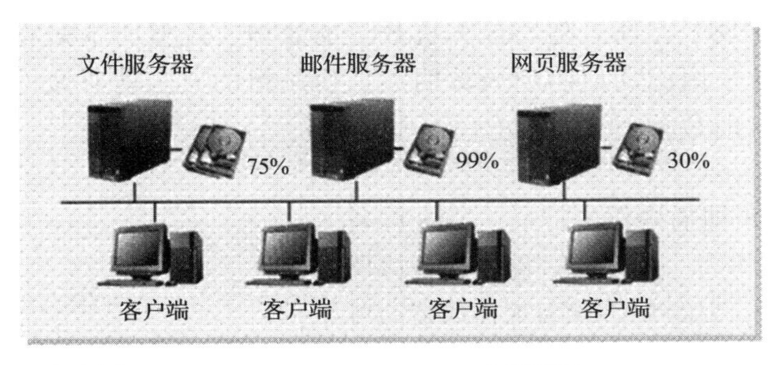

本地存储：
• 存储空间利用率低
• 数据分散，管理不便

网络存储：
• 存储空间可以多机共享
• 数据集中，管理方便

图 1-8　存储发展对比示意图

2. 存储网络的基本形态

(1) 直接连接存储（Direct Attached Storage，DAS）

如图 1-9 所示，DAS 是指将存储设备通过 SCSI 接口或光纤通道直接连接到一台计算机上。由于早期的网络十分简单，所以直接连接存储得到发展。使用 DAS，使得存储设备与主机的操作系统紧密相连，系统因此背上了沉重的负担，由于 CPU 必须同时完成磁盘存取和应用运行的双重任务，所以不利于 CPU 的指令周期的优化。由于存储是直接依附在服务器上的，所以存储共享是受限的。

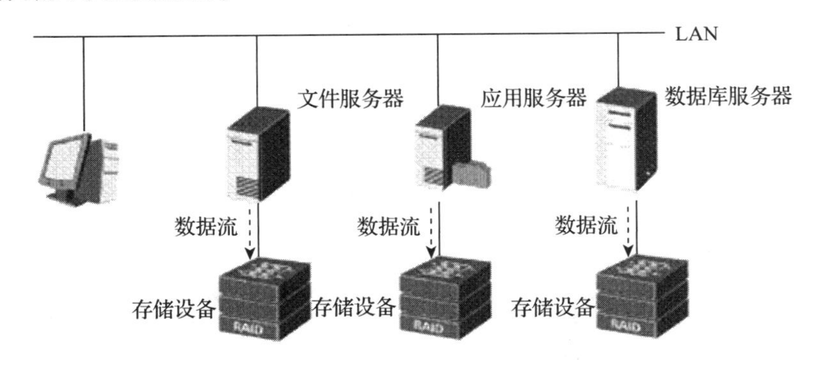

图 1-9　直接连接存储（DAS）

优缺点：

1）存储设备（RAID 系统、磁带机和磁带库、光盘库）直接连接到服务器。

2）传统的、最常见的连接方式，容易理解、规划和实施。

3）没有独立操作系统，不能提供跨平台的文件共享，各平台下数据需分别存储。

4）单个 DAS 系统之间没有连接，数据只能分散管理；备份软件不能离开服务器支持；DAS 的前期投资比较少。

(2) 网络连接存储（Network Attached Storage，NAS）

如图 1-10 所示，NAS 是指将存储设备通过标准的网络拓扑结构（如以太网），连接到一群计算机上。局域网的广泛实施为实现文件共享提供了条件，多个文件服务器之间通过局域网实现了互联。随着计算机数量的激增，大量的不兼容性导致数据的获取日趋复杂。因此采用广泛使用的局域网加工作站组的方法就对文件共享、互操作性和节约成本有很大的意义。

优缺点：

1）NAS 是真正即插即用的产品。NAS 设备一般支持多计算机平台，用户通过网络支持协议可进入相同的文档，因而 NAS 设备无需改造即可用于混合 UNIX/Windows NT 局域网内。

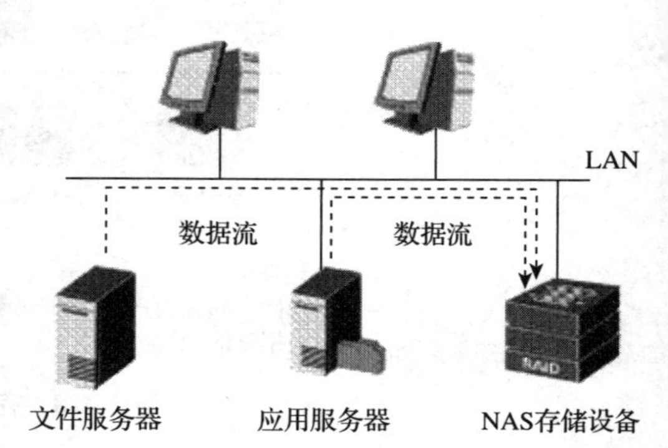

图 1-10　网络连接存储（NAS）

2）NAS 设备的物理位置同样是灵活的。它们可放置在工作组内，靠近数据中心的应用服务器，或者也可放在其他地点，通过物理链路与网络连接起来。无需应用服务器的干预，NAS 设备允许用户在网络上存取数据，这样既可减小 CPU 的开销，也能显著改善网络的性能。

3）NAS 没有解决与文件服务器相关的一个关键性问题，即备份过程中的带宽消耗。它将存储事务由并行 SCSI 连接转移到了网络上。这就是说 LAN 除了必须处理正常的最终用户传输流外，还必须处理包括备份操作的存储磁盘请求。

（3）存储区域网络（Storage Area Networks，SAN）

如图 1-11 所示，SAN 是一个构建在服务器和存储设备之间的，专用的、高性能的网络体系。它为了实现大量原始数据的传输而进行了专门的优化。因此，可以把 SAN 看成是对 SCSI 协议在远距离应用上的扩展。SAN 使用的典型协议组是 SCSI 和 Fiber Channel。Fiber Channel 特别适合这项应用，原因在于一方面它可以传输大块数据，另一方面它能够实现远距离传输。SAN 的市场主要集中在高端的、企业级的存储应用上。这些应用对于性能、冗余度和数据的可获得性都有很高的要求。

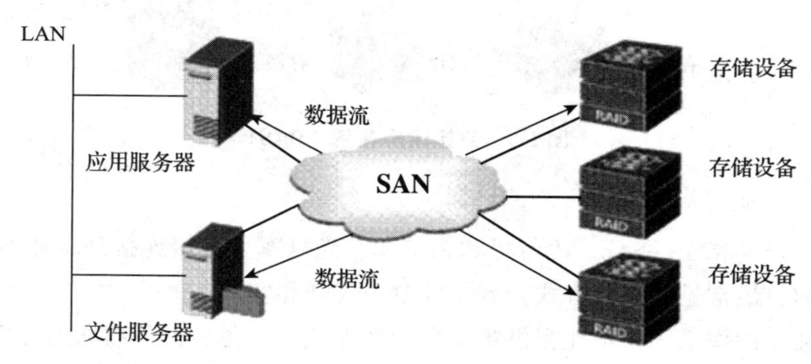

图 1-11　存储区域网络（SAN）

优缺点：

1）SAN 提供了一种与现有 LAN 连接的简易方法，并且通过同一物理通道支持广泛使用的 SCSI 和 IP 协议。SAN 不受现今主流的、基于 SCSI 存储结构的布局限制。特别重要的是，随着存储容量的爆炸性增长，SAN 允许企业独立地增加它们的存储容量。

2）SAN 的结构允许任何服务器连接到任何存储阵列，这样不管数据放置在哪里，服务器都可直接存取所需的数据。SAN 还具有更高的带宽。

3）因为 SAN 解决方案是从基本功能剥离出存储功能，所以运行备份操作就无需考虑它们对网络总体性能的影响。SAN 方案也使得管理及集中控制实现简化，特别是对于全部存储设备都集群在一起的时候。

4）光纤接口提供了 10km 的连接长度，这使得实现物理上分离的、不在机房的存储变得非常容易。

任务 1.3　S2600 基本部件与硬件安装实验

1. 实验目标

1）熟悉 S2600 的硬件组成与接口功能。

2）掌握 S2600 的硬件安装和注意事项。

2. 实验时间

本实验要求 1h 内完成。

3. 实验环境搭建与组网

S2600 前视图和后视图如图 1-12 和图 1-13 所示。

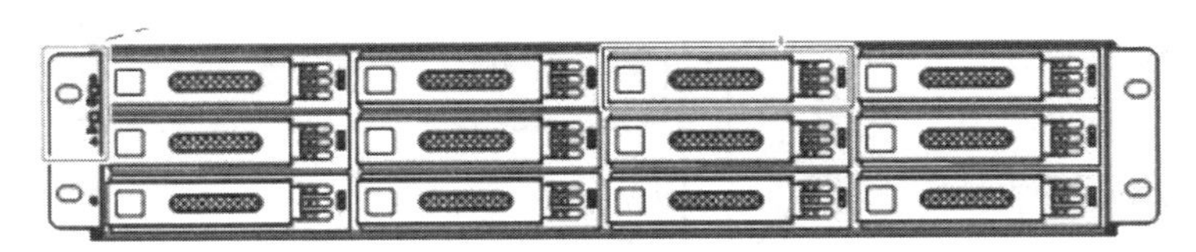

图 1-12　S2600 前视图

图 1-13　S2600 后视图

4. 实验硬件与软件版本

硬件设备：S2600 控制框 3 台。

软件版本：S2600V100R005。

工具：防静电手腕带、十字螺钉旋具。

5. 实验具体步骤

注意：实验前请做好防静电措施。

1）熟悉 S2600 硬件结构，请参照图 1-14、图 1-15 所示和实物熟悉 S2600 硬件结构。

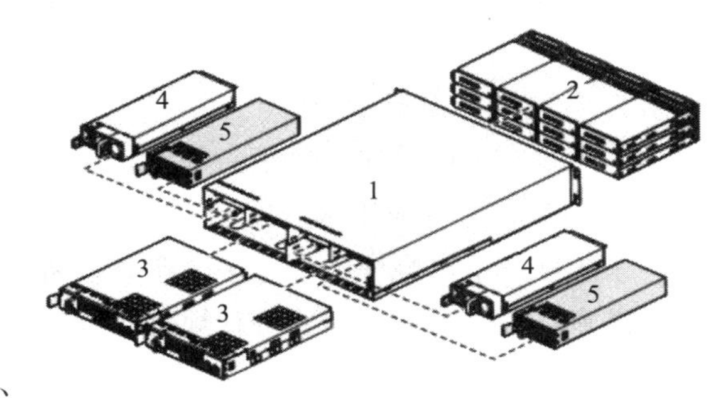

图 1-14　控制框

1—系统插框　2—硬盘模块　3—控制器
4—电源模块　5—风扇模块

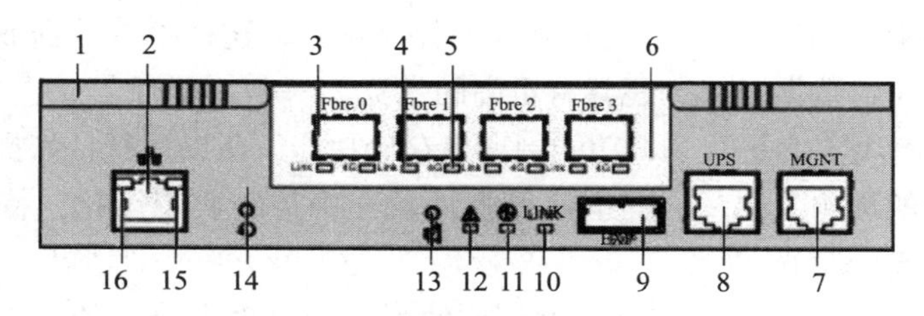

图 1-15　控制器

1—控制器助力扳手　2—管理网口　3—FC 主机端口　4—FC 主机端口 Link 指示灯　5—FC 主机端口 rate 指示灯
6—FC 端口模块　7—CLI 串口　8—UPS 串口　9—mini SAS 级联口　10—mini SAS 级联口 Link 指示灯
11—控制器电源指示灯　12—控制器告警指示灯　13—蜂鸣器静音按钮　14—复位按钮
15—管理网口 Link 指示灯　16—管理网口 active 指示灯

2）安装设备。HostAgent 硬件安装详细指导参考《S2600 存储系统快速安装指南》，安装流程如图 1-16 所示。

注意：图中黑框为必选项。

3）SAN 存储设备上、下电。S2600 电源连接示意图如图1-17所示。

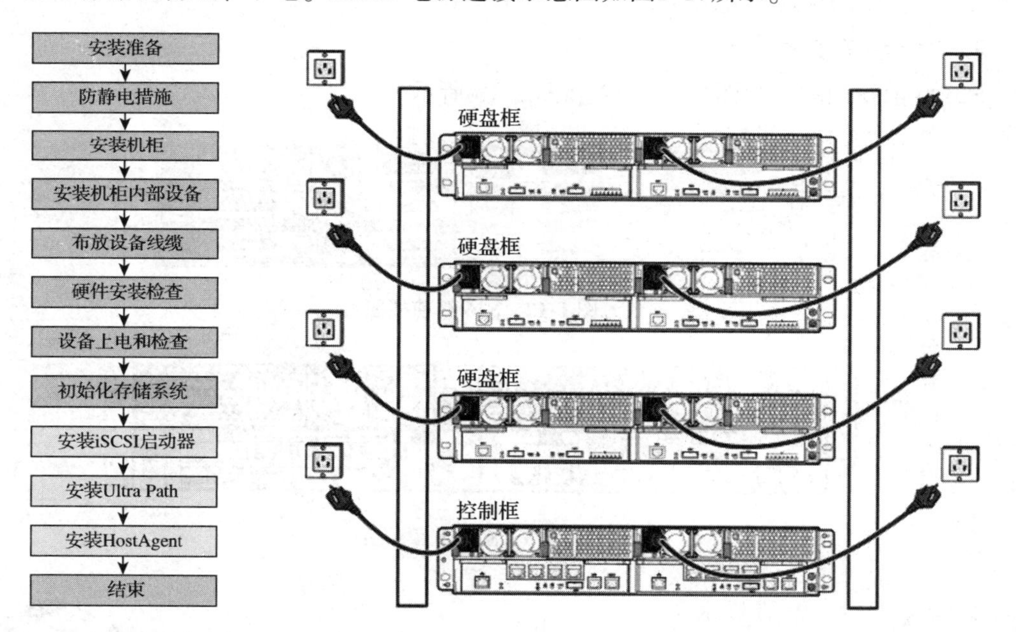

图 1-16　硬件安装流程　　　　**图 1-17　设备电源连接示意图**

系统正常上电顺序：机柜→硬盘框（上电并启动完成）→控制框（接外接电源）→交换机（如果有）→应用服务器。

系统正常下电顺序：停止主机业务→断开控制框和硬盘框的外部电源。

注意：系统上电前需要进行规范、有效接地，接地具体操作可以参考快速安装指南。

6. 思考与练习

1）为何要将 S2600 控制框左、右两个电源分别接到不同的电源接口？

2）设备上、下电的顺序为何如此设定，如果顺序错误可能导致什么故障？

任务 1.4　S5000 基本部件与硬件安装实验

1. 实验目标

1）熟悉 S5000 的硬件组成与接口功能。

2）掌握 S5000 的硬件安装和注意事项。

2. 实验时间

本实验要求 1h 内完成。

3. 实验环境搭建与组网

S5000 硬件组成与接口（以 S5000FC 为例）示意图如图 1-18 所示。

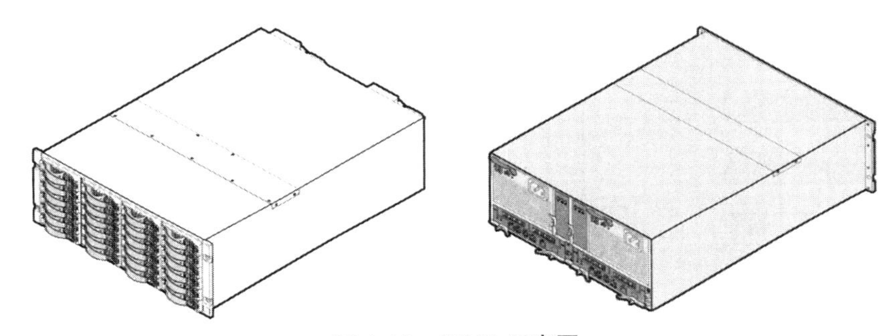

图 1-18　S5000 示意图

4. 实验硬件与软件版本

硬件设备：S5000 控制框。

软件版本：S5000V100R005。

工具：防静电手腕带、十字螺钉旋具。

5. 实验具体步骤

1）熟悉 S5000 硬件结构，请参照图 1-19 和实物熟悉 S5000 硬件结构。

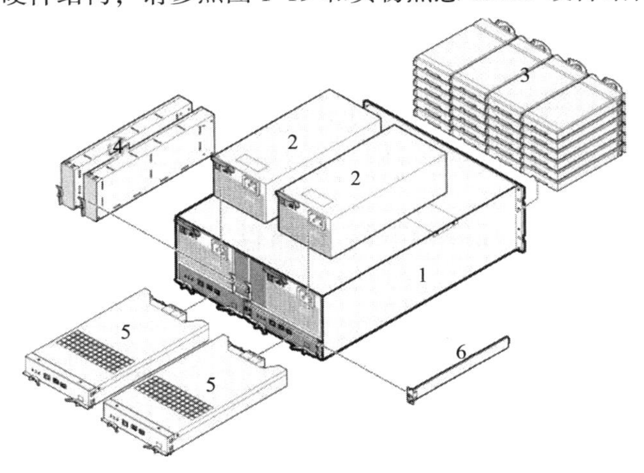

图 1-19　控制框

1—系统插框　2—交流电源—风扇　3—硬盘模块　4—电源模块　5—控制器　6—拨码开关板

2）安装设备。HostAgent 硬件安装详细指导参考《S5000 存储系统快速安装指南》，安装流程如图 1-20 所示。

3）SAN 存储设备上、下电。S5000 电源连接示意图如图 1-21 所示。

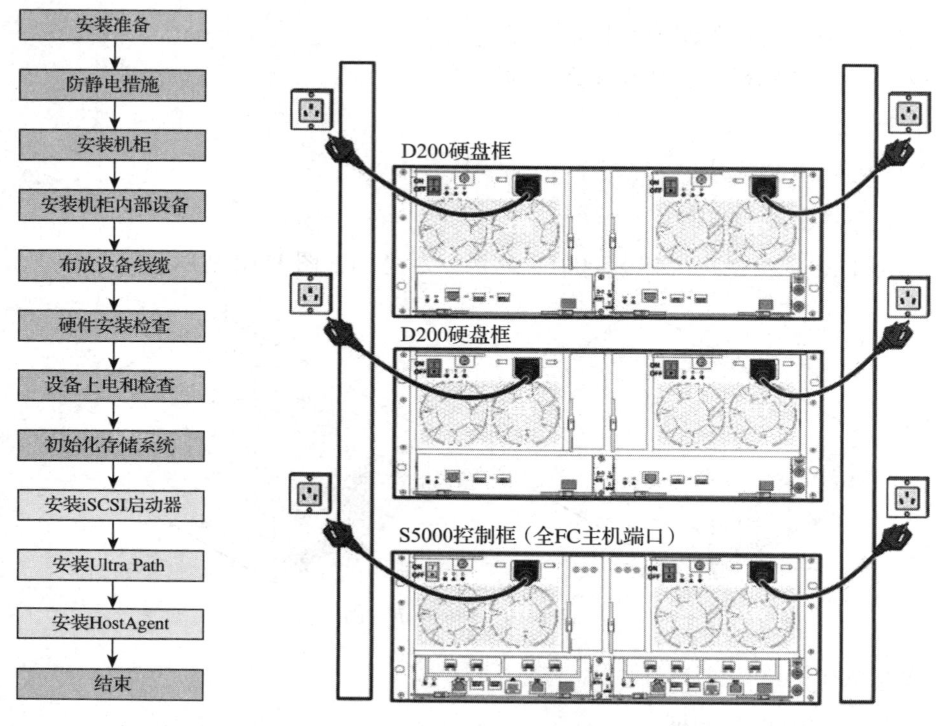

图 1-20　硬件安装流程　　　　图 1-21　设备电源连接示意图

系统正常上电顺序：机柜→硬盘框（上电并启动完成）→控制框（接外接电源）→交换机（如果有）→应用服务器。

系统正常下电顺序：停止主机业务→断开控制框和硬盘框的外部电源。

注意：系统上电前需要进行规范、有效接地，接地具体操作可以参考快速安装指南。

6. 思考与练习

1）为何要将 S5000 控制框左、右两个电源分别接到不同的电源接口？

2）设备上、下电的顺序为何如此设定，如果顺序错误可能导致什么故障？

任务 1.5　S5000T 基本部件与硬件安装实验

1. 实验目标

1）熟悉 S5000T 的硬件组成和接口功能。

2）掌握 S5000T 的硬件安装和注意事项。

2. 实验时间

本实验要求 1h 内完成。

3. 实验环境搭建与组网

S5000T 控制框硬件前视图如图 1-22 所示。

图 1-22　S5000T 控制框硬件前视图

1—控制框电源指示灯　2—控制框告警指示灯　3—硬盘告警/定位指示灯
4—硬盘运行指示灯　5—保险箱盘标识　6—硬盘拉手

说明：控制框支持 1GB iSCSI、10GB iSCSI 和 8GB FC 主机接口模块，图 1-23 所示为控制框 8GB FC 主机接口模块后视图。

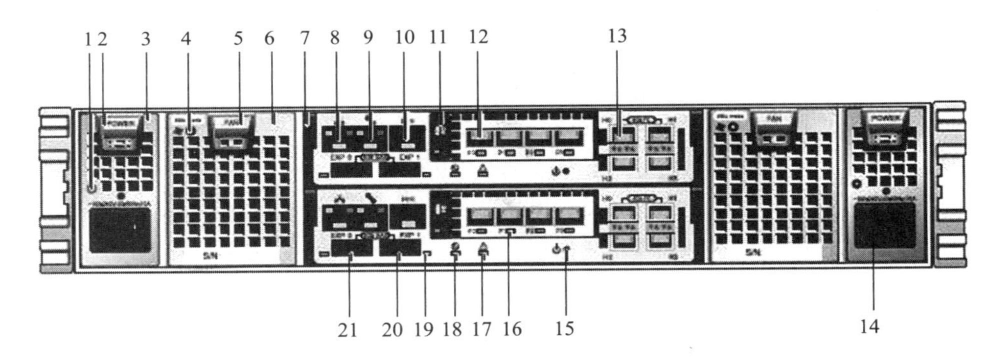

图 1-23　S5000T 控制框 8GB FC 主机接口模块后视图

1—电源模块运行/告警指示灯　2—电源模块拉手　3—电源模块　4—风扇—BBU 模块运行/告警指示灯
5—风扇—BBU 模块拉手　6—风扇—BBU 模块　7—控制器拉手　8—管理网口　9—维护网口
10—串口　11—FC 接口模块拉手　12、13—8GB FC 主机端口　14—电源模块插座
15—控制器电源按钮　16—8GB FC 主机端口 link/speed 指示灯　17—控制器告警指示灯
18—控制器电源指示灯　19—级联状态指示灯　20、21—mini SAS 级联端口

S5000T 2U 硬盘框前、后视图如图 1-24 和图 1-25 所示。

图 1-24　S5000T 2U 硬盘框前视图

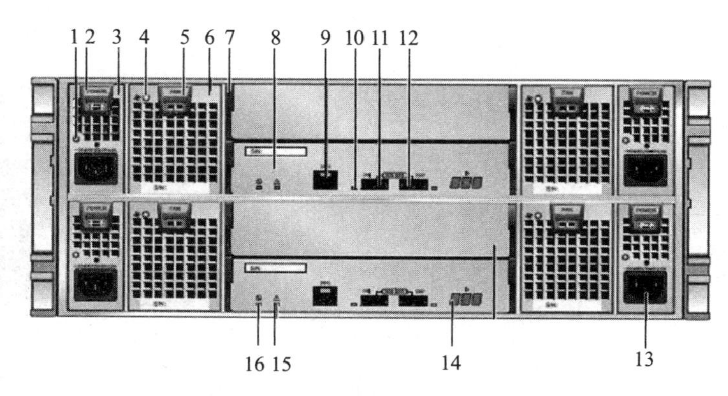

图 1-25 S5000T 2U 硬盘框后视图

1—电源运行/告警指示灯 2—电源模块拉手 3—电源模块 4—风扇运行/告警指示灯
5—风扇模块拉手 6—风扇模块 7—级联模块拉手 8—级联模块 9—串口
10—mini SAS 级联端口指示灯 11—mini SAS 级联端口“PRI” 12—mini SAS 级联端口“EXP”
13—电源插座 14—硬盘框 ID 显示器 15—级联模块告警指示灯 16—级联模块电源指示灯

S5000T 4U 硬盘框的前、后视图如图 1-26 和图 1-27 所示。

图 1-26 S5000T 4U 硬盘框前视图

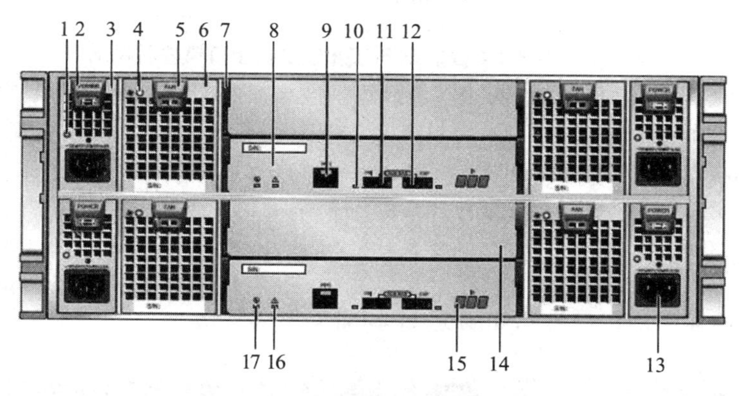

图 1-27 S5000T 4U 硬盘框后视图

1—电源运行/告警指示灯 2—电源模块拉手 3—电源模块 4—风扇运行/告警指示灯
5—风扇模块拉手 6—风扇模块 7—级联模块拉手 8—级联模块 9—RS-232 串口
10—mini SAS 级联端口指示灯（若为 FC 硬盘框，此处是 FC 级联端口指示灯）
11—mini SAS 级联端口“PRI”（若为 FC 硬盘框，此处是 FC 级联端口“PRI”）
12—mini SAS 级联端口“EXP”（若为 FC 硬盘框，此处是 FC 级联端口“EXP”）
13—电源插座 14—假面板 15—硬盘框 ID 显示器 16—级联模块告警指示灯 17—级联模块电源指示灯

4. 实验硬件与软件版本

硬件设备：S5000T。

软件版本：S5000TV100R001。

工具：防静电手腕带、十字螺钉旋具，其他设备配套工具如图 1-28 所示。

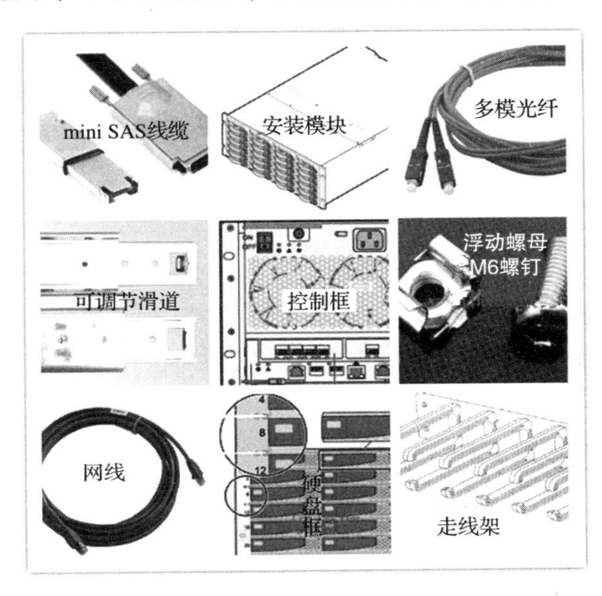

图 1-28　其他设备配套工具

5. 实验具体步骤

1）熟悉 S5000T 系列产品硬件与各接口。结合任务 1.3 内容熟悉硬件与接口形态和功能，为产品安装部署做好准备。

2）安装设备流程。硬件安装详细指导参考《S5000T 存储系统快速安装指南》，S5000T 设备安装流程如图 1-29 所示。

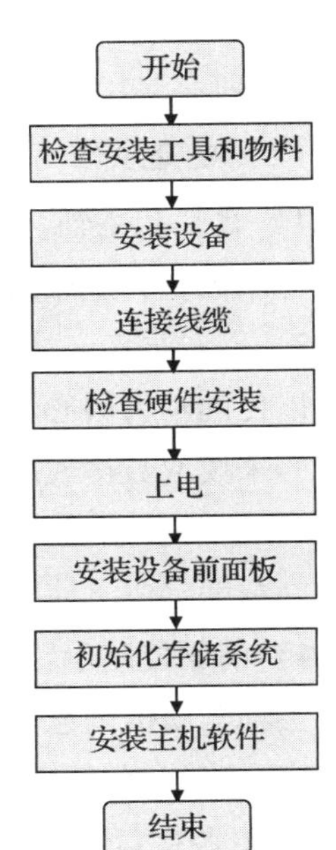

图 1-29　硬件安装流程

3）SAN 存储设备上、下电。

系统正常上电顺序：机柜→硬盘框（上电并启动完成）→控制框（任意一个控制器上的电源按钮）→交换机（如果有）→应用服务器。

系统正常下电顺序：停止业务主机→按任意一个控制器上的电源按钮→ 断开控制框和硬盘框的外部电源。

系统上电前需要进行规范、有效接地，接地具体操作可以参考快速安装指南。

6. 思考与练习

1）为何要将 S5000T 控制框左、右两个电源分别接到两路独立的电源接口？

2）设备上、下电的顺序为何有顺序设定，如果顺序错误可能导致什么故障？

第 2 章　硬盘基础知识

任务 2.1　硬盘发展概述

任务目标

1）掌握硬盘的基础知识。

2）理解硬盘的工作原理。

3）理解硬盘关键参数的含义。

4）掌握硬盘常见接口的特点。

5）了解硬盘的发展趋势。

1. 硬盘概述

（1）硬盘的概念

硬盘是计算机主要的存储媒介之一，由一个或者多个铝制或者玻璃制的盘片组成。盘片外覆有铁磁性材料。硬盘有固态硬盘（SSD，新式硬盘）、机械硬盘（HDD，传统硬盘）、混合硬盘（HHD，一种基于传统机械硬盘诞生出来的新硬盘）。

硬盘的主要作用如下：

1）保存绝大多数的指令和数据。

2）所有应用软件和数据的载体。

（2）硬盘组件

1）盘片和主轴：两个紧密相连的部分，盘片是一个圆形的薄片，上面涂了一层磁性材料以记录数据；主轴组件由主轴电动机驱动，带动盘片高速旋转。

2）浮动磁头：由读写磁头、传动手臂和传动轴三部分组成。在盘片高速旋转时，传动手臂以传动轴为圆心带动前端的读写磁头在盘片旋转的垂直方向上移动，磁头感应盘片上的磁信号来读取数据或改变磁性涂料的磁性以达到写入信息的目的。

3）磁头驱动机构：由磁头驱动小车、电动机和防振机构组成，其作用是对磁头进行驱动和高精度定位，使磁头能迅速、准确地在指定的磁道上进行读写工作。

4）前驱控制电路 ：密封在屏蔽腔体以内的放大线路，主要作用是控制磁头的感应信号、主轴电动机调速、驱动磁头和伺服定位等。

5）接口：包括电源接口、数据接口和跳线三部分。

① 电源接口与主机电源相连，为硬盘工作提供动力。接口的形状呈梯形，可以防止插反。

② 数据接口由两列并列的针组成，是硬盘和主板控制器之间传输数据的接口。根据连接方式的不同，分成 EIDE 和 SCSI 两大类。

③ 跳线用来对硬盘的状态进行设置。IDE 接口的硬盘分为主盘或从盘两种状态，一条数据线上能同时接一主一从两个设备，必须通过跳线进行正确的设置，否则这条数据线上的两个设备都不能正常工作。

盘体从物理的角度分为磁面（Side）、磁道（Track）、柱面（Cylinder）与扇区（Sector）等四个结构。

2. 硬盘的工作原理

硬盘工作由电动机带动盘片，然后磁头在盘片表面以二进制的形式读写数据，读取的数据储存在硬盘的 Flash 芯片中，最后传到程序中运行，如图 2-1 所示。硬盘在一定的硬件条件下转速越快，读写能力越强，但最终读写能力受内部硬件带宽限制。

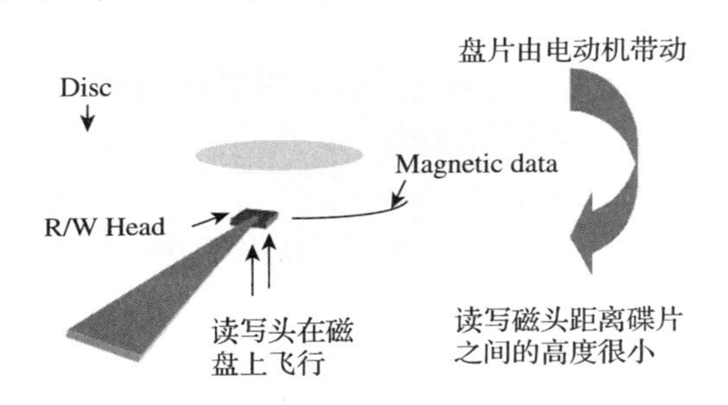

图 2-1　硬盘的工作原理

3. 硬盘的关键参数

(1) 容量

硬盘的容量 = 柱面数 × 磁头数 × 扇区数 ×512（Byte）。

(2) 转速

转速 = 盘片转动圈数/min（rpm）。例如，华为赛门铁克 V1800 存储系统支持的 SATA 硬盘最大容量为 1TB，最大转速为 7200rpm；华为赛门铁克 S5600 存储系统支持的 FC 硬盘最大容量为 450GB，最大转速为 15000rpm。

(3) 硬盘功耗

1）启动功耗：硬盘的启动功耗要比正常使用时的功耗大很多，启动功耗越大，则对机箱电源的电流冲击越大，要求电源的功率余量也越大，这是不利的。

2）读写或空闲功耗：在同一磁道上读写时的功耗与空闲时功耗是相差不多的，硬盘在大部分时间内处于这种状态。

3）寻道功耗：磁头寻道的功耗会比空闲时稍大一些，主要是增加了磁头移动的动作。

4）休眠功耗：休眠功能是近年来流行起来的，目的是为了节省能源。一般有 STAND BY 和 SLEEP 两种。休眠时硬盘的功耗很小。

(4) 硬盘的启动扇区：主引导记录

主引导扇区位于整个硬盘的 0 磁道 0 柱面 1 扇区，包括硬盘主引导记录（Main Boot

Record，MBR）和分区表（Disk Partition Table，DPT）。其中，主引导记录的作用就是检查分区表是否正确以及确定哪个分区为引导分区，并在程序结束时把该分区的启动程序（也就是操作系统引导扇区）调入内存加以执行。

（5）硬盘数据访问时间

1）平均寻道时间（Average Seek Time）：指硬盘在接收到系统指令后，磁头从开始移动到移动至数据所在的磁道所花费时间的平均值。它一定程度上体现了硬盘读取数据的能力，是影响硬盘内部数据传输率的重要参数。

2）平均潜伏时间（Average Latency Time）：指当磁头移动到数据所在的磁道后，然后等待所要的数据块继续转动到磁头下的时间。盘片转动速度越快，平均潜伏期也就越短，平均潜伏时间单位为毫秒（ms）。

3）平均访问时间（Average Access Time）：指磁头找到指定数据的平均时间，通常是平均寻道时间和平均潜伏时间之和（实际上还应该包括一些内部指令操作时间，但这个时间很短，可以忽略不计）。平均访问时间最能够代表硬盘找到某一数据所用的时间，越短的平均访问时间越好，平均访问时间单位为毫秒（ms）。

（6）硬盘缓存（Cache Memory）

硬盘缓存是硬盘控制器上的一块内存芯片，具有极快的存取速度，它是硬盘内部存储和外界接口之间的缓冲器。

（7）硬盘接口

硬盘接口是硬盘与主机系统间的连接部件，作用是在硬盘缓存和主机内存之间传输数据。不同的硬盘接口决定着硬盘与计算机之间的连接速度。目前常见的硬盘接口类型有IDE/ATA、SCSI、SATA、SAS和FC等。每种接口协议拥有不同的技术规范，具备不同的传输速度，其存取效能的差异较大，所面对的实际应用和目标市场也各不相同。

任务2.2　硬盘[㊀]基本操作实验

1．实验目标

熟悉磁盘相关操作，包括磁盘初始化、磁盘格式化、转换动态磁盘、磁盘日常管理维护等。

2．实验时间

本实验要求1h内完成。

3．实验硬件与软件版本

虚拟机1台。

4．实验具体步骤

1）打开计算机中安装的虚拟机（不需要接通虚拟机电源），再打开已经安装好的Windows Server 2003，单击左侧“编辑虚拟机设置”，如图2-2所示。

㊀ 本书中硬盘与磁盘所指相同，为便于内容陈述，故不做统一。

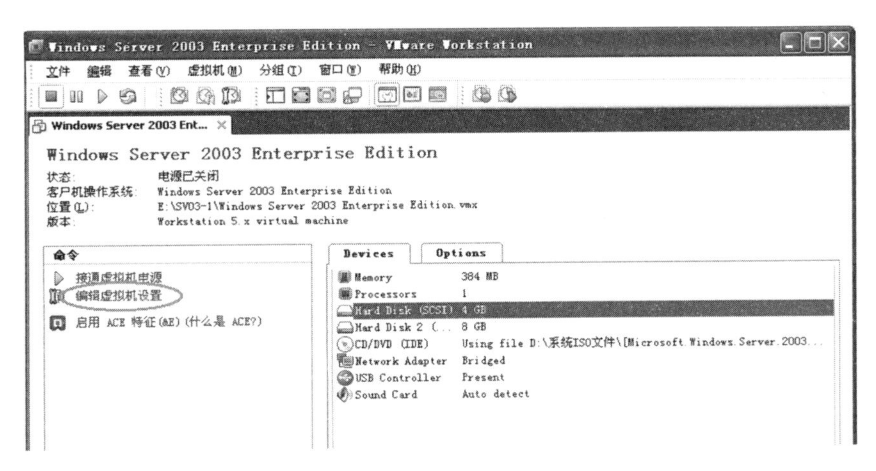

图 2-2　步骤 1

2）打开虚拟机设置对话框，单击“Add”按钮，如图 2-3 所示。

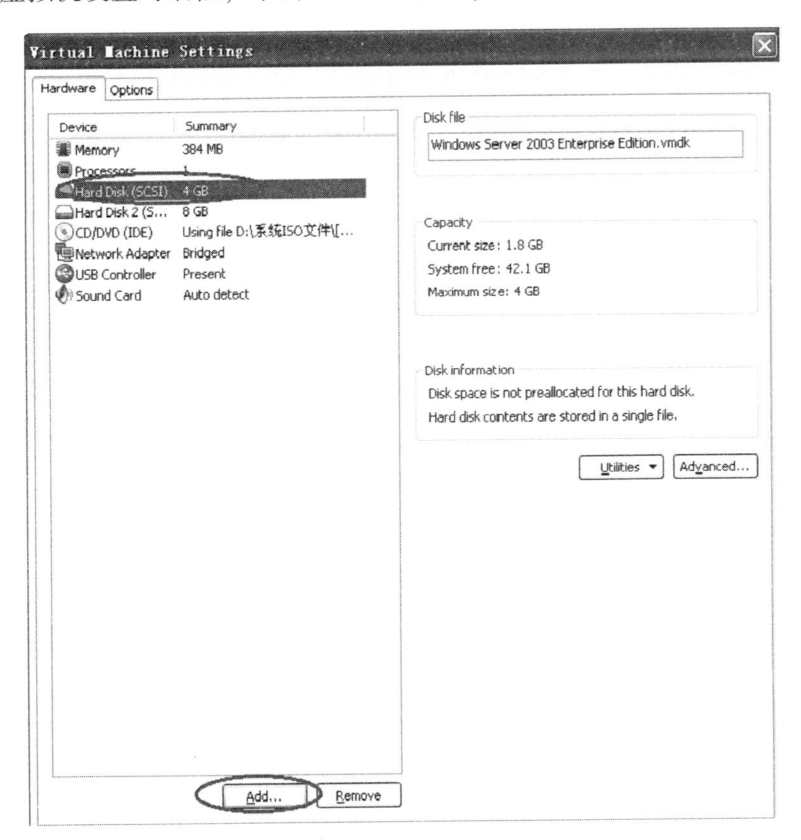

图 2-3　步骤 2

3）选择硬盘类型“Hard Disk”，单击“Next”按钮，如图 2-4 所示。

4）打开添加硬件向导，选择“创建一个新的虚拟磁盘”，单击“Next”按钮，如图 2-5 所示。

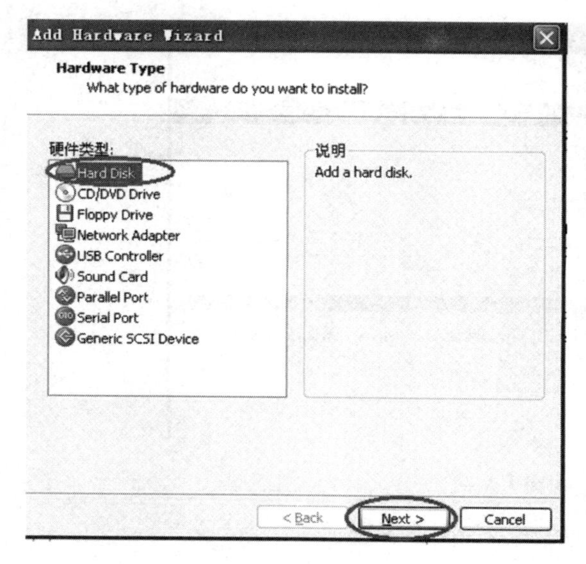

图 2-4　步骤 3

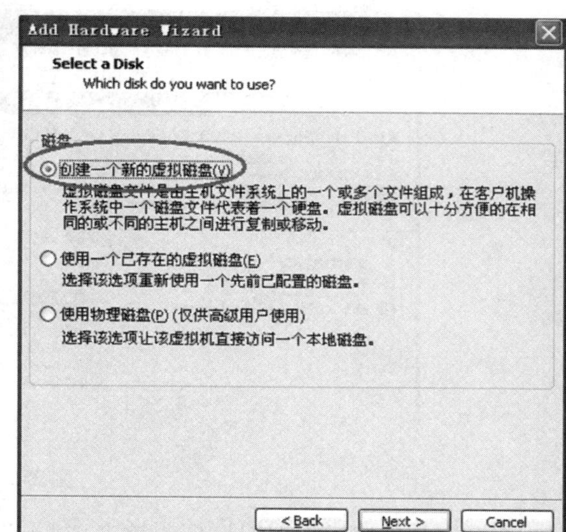

图 2-5　步骤 4

5）选择要添加磁盘的类型，然后单击“Next”按钮，如图 2-5 所示。

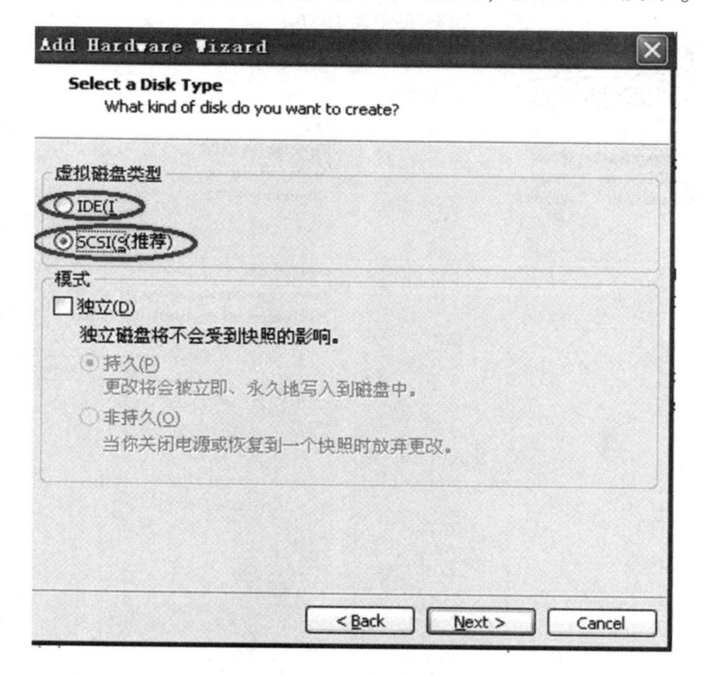

图 2-6　步骤 5

提示：IDE 接口只可以添加两个硬盘。

6）修改添加磁盘的大小，如图 2-7 所示，然后单击“Next”按钮。建议根据具体的需求和真实磁盘的大小来确定给予虚拟磁盘的大小，一般为 4GB。

7）选择虚拟磁盘文件存储在物理磁盘配置地址（默认即可），然后单击“Finish”按钮，完成硬盘的添加，如图 2-8 所示。

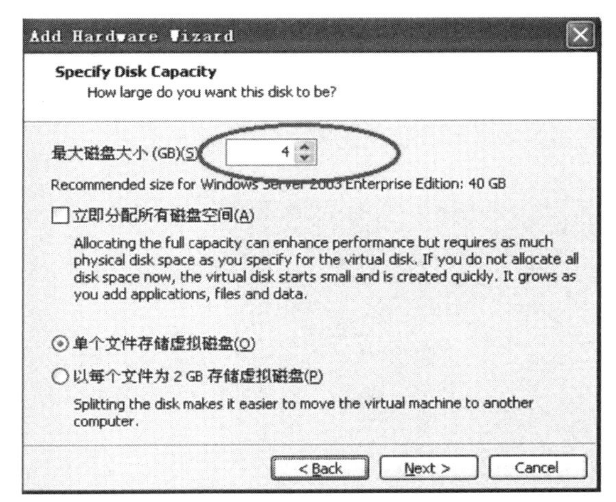

图 2-7　步骤 6

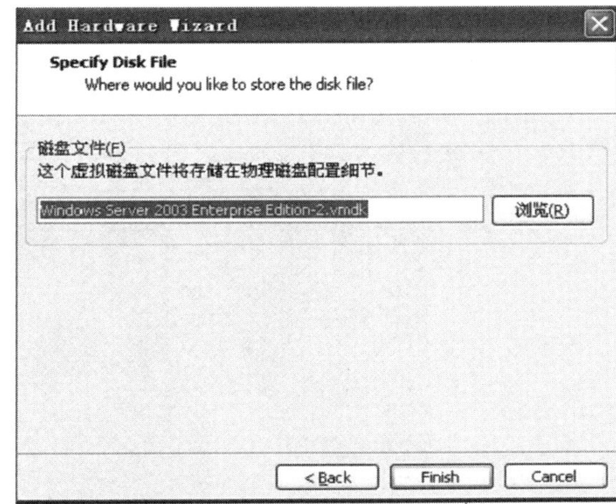

图 2-8　步骤 7

8）重复上述步骤添加 2～3 块硬盘，最后单击“OK”按钮，如图 2-9 所示。

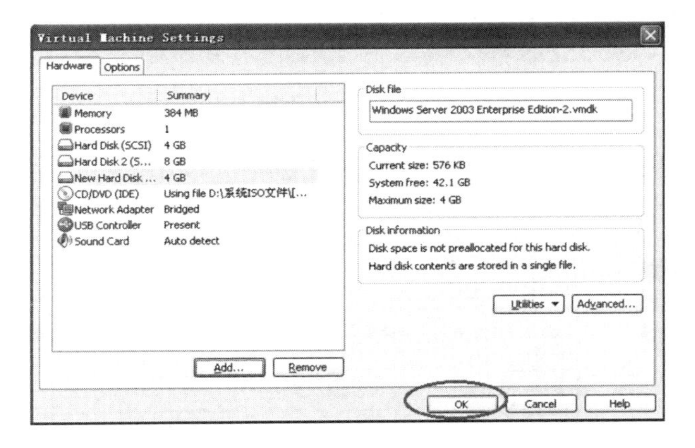

图 2-9　步骤 8

9）添加后的系统设备列表如图 2-10 所示。单击工具栏中的启动按钮，加电启动系统。

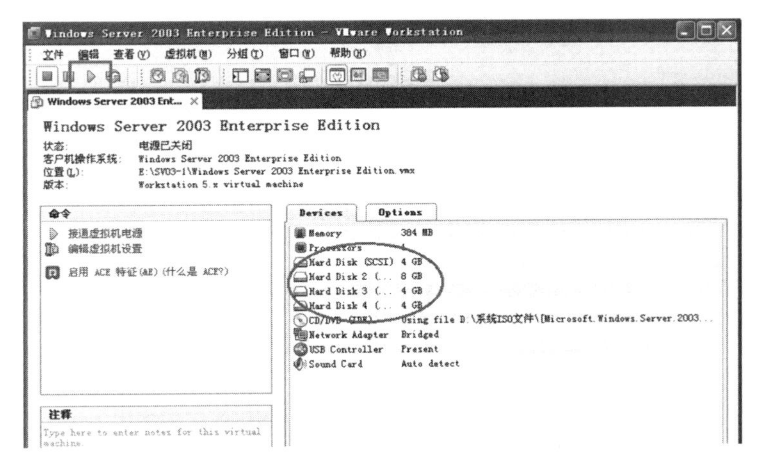

图 2-10　步骤 9

10）加电后的 Windows Server 2003 系统界面如图 2-11 所示。右键单击“我的电脑”图标，在弹出的快捷菜单中选择“管理”命令。

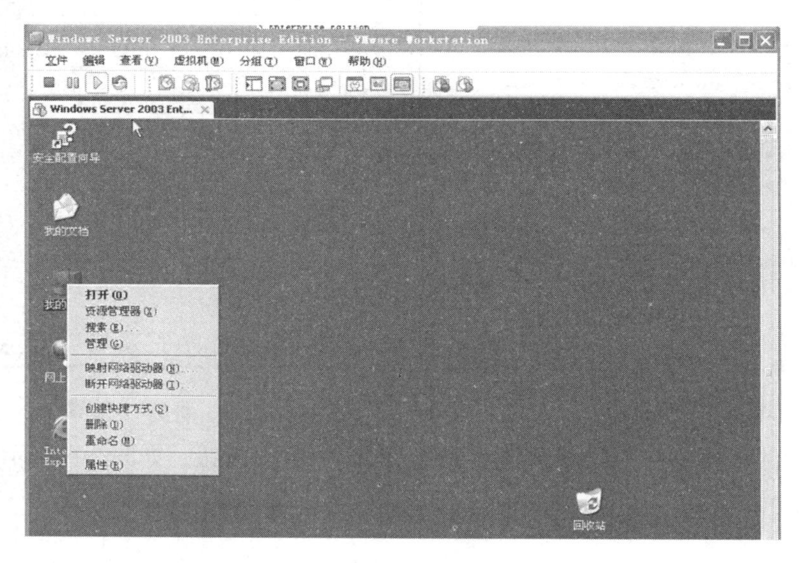

图 2-11　步骤 10

11）打开“计算机管理”窗口，单击“磁盘管理”，如图 2-12 所示。右键单击需要初始化的磁盘，在弹出的快捷菜单中选择“初始化磁盘”命令，如图 2-13 所示。

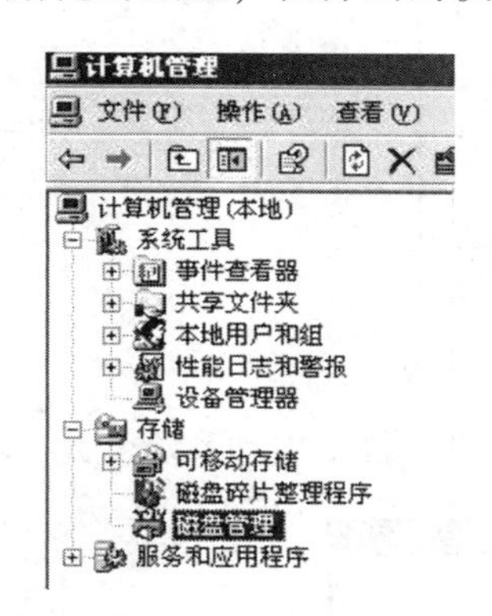

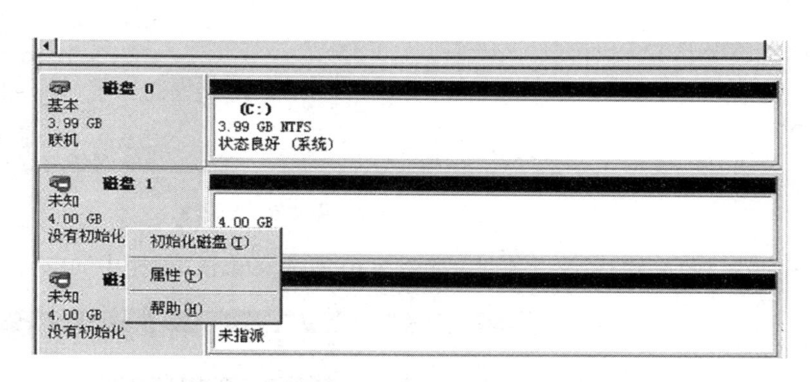

图 2-12　步骤 11（一）　　图 2-13　步骤 11（二）

注意：进入“磁盘管理”界面时，如果有新添加的磁盘，会自动弹出初始化向导，选择需要初始化的磁盘，单击“确定”按钮即可，如图 2-14 所示。注意磁盘只能进行一次初始化操作。

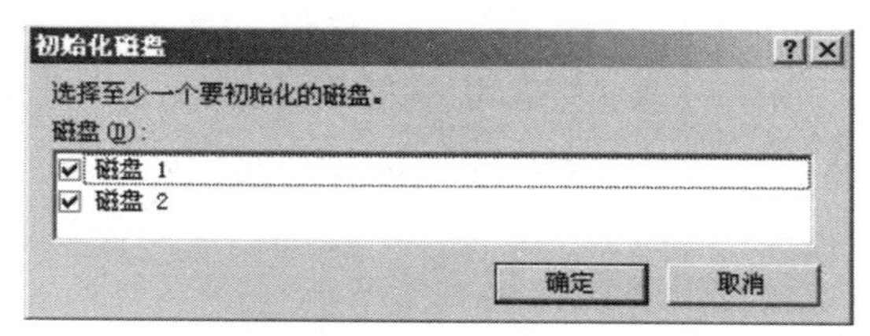

图 2-14　初始化磁盘

初始化完成，磁盘会转化为基本卷，如图 2-15 所示。

12）对磁盘进行分区。首先创建主分区，右键单击“磁盘 1”，在弹出的快捷菜单中选择“新建磁盘分区”命令，如图 2-16 所示。

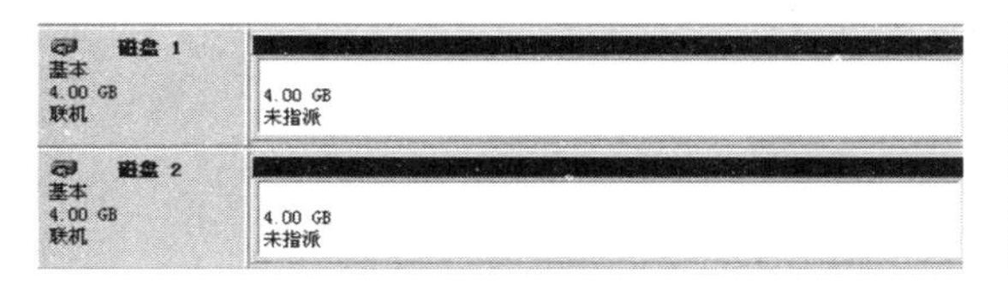

图 2-15　基本卷

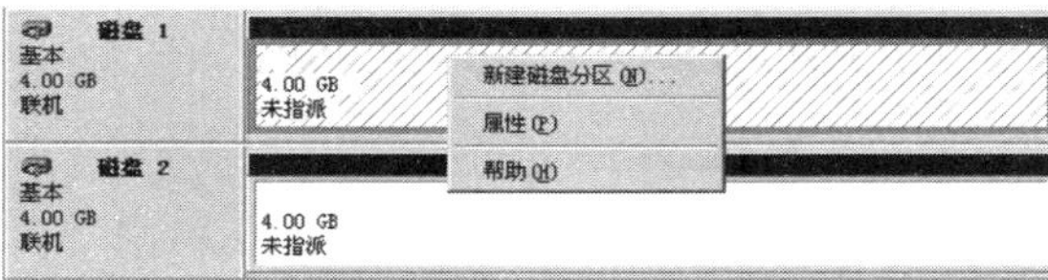

图 2-16　步骤 12

13）进入“新建磁盘分区向导”，单击“下一步”按钮，如图 2-17 所示。

14）选择创建主磁盘分区，再单击“下一步”按钮，如图 2-18 所示。

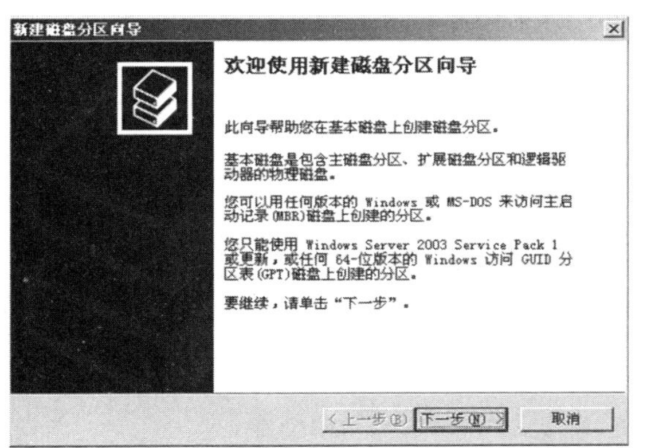

图 2-17　步骤 13

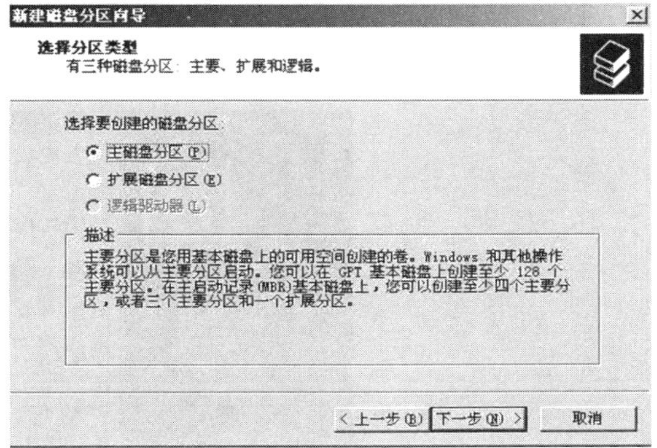

图 2-18　步骤 14

15）设置创建的主分区大小。建议根据需要和硬盘大小来确定给定的磁盘空间，如图 2-19所示。

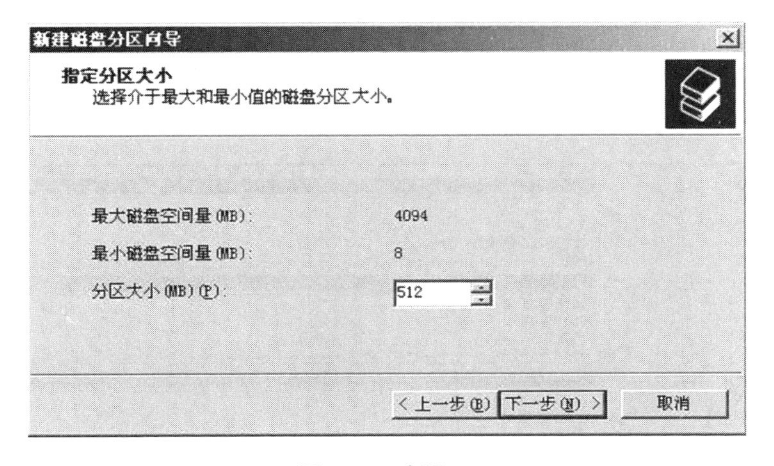

图 2-19　步骤 15

16）为新创建的磁盘指派驱动器号，一般默认即可，如图 2-20 所示。

17）选择新建磁盘的文件系统，然后单击“下一步”按钮，如图 2-21 所示。

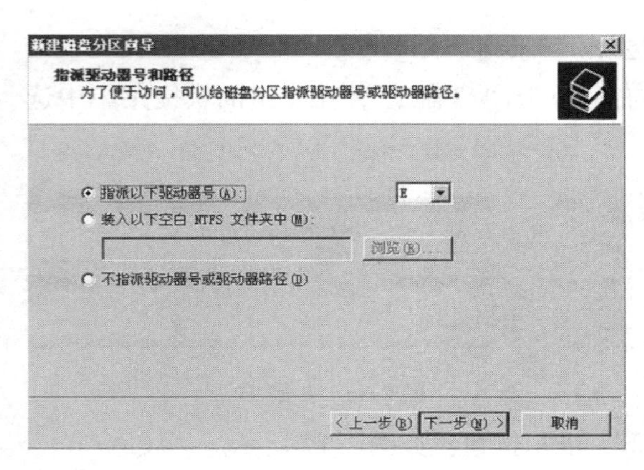

图 2-20　步骤 16

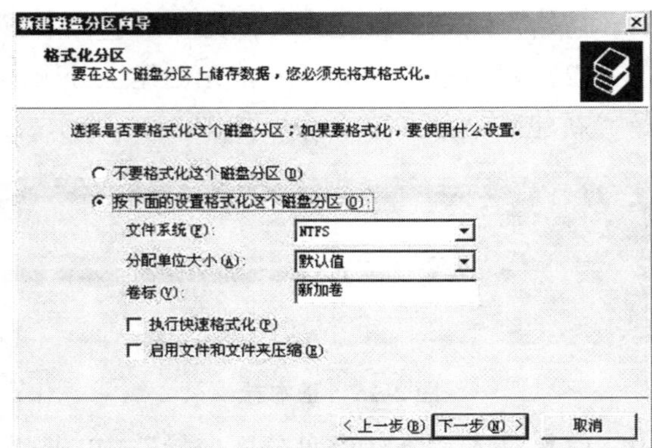

图 2-21　步骤 17

18）浏览已经选择的对本磁盘的设置是不是正确，符合要求后单击“完成”按钮，如图 2-22 所示。

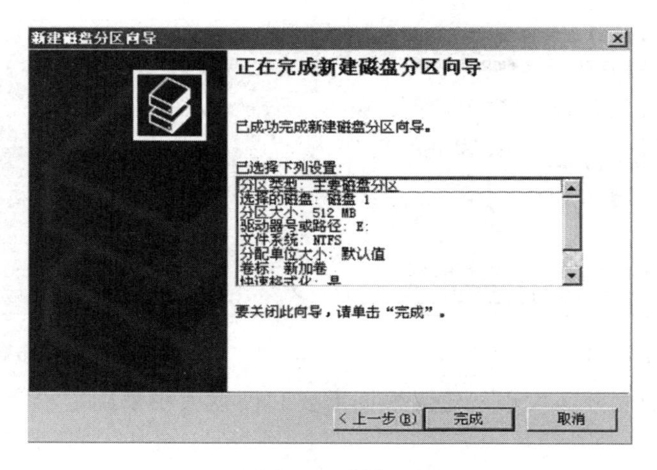

图 2-22　步骤 18

主分区创建完成后就会出现“新加卷（E:）”标识，如图 2-23 所示，表示磁盘分区创建完成。

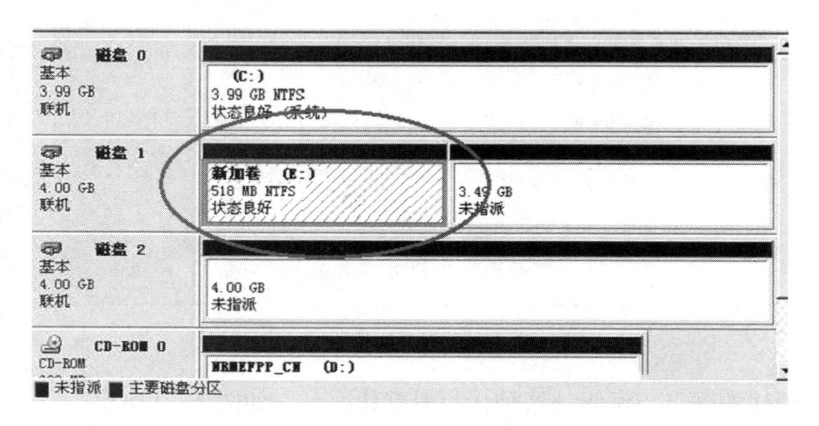

图 2-23　新加卷 E

19）创建扩展磁盘分区，并在创建的扩展分区的基础上创建逻辑分区，步骤与前面创建主磁盘分区类似，如图2-24～图2-26所示（实验时建议分配空间大小为1～2GB）。

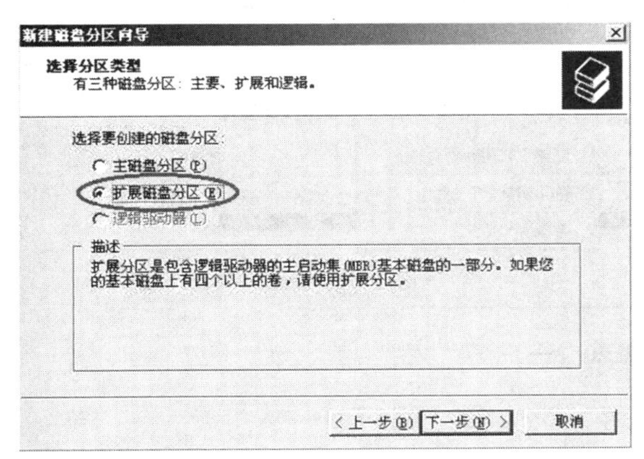

图2-24　步骤19（一）

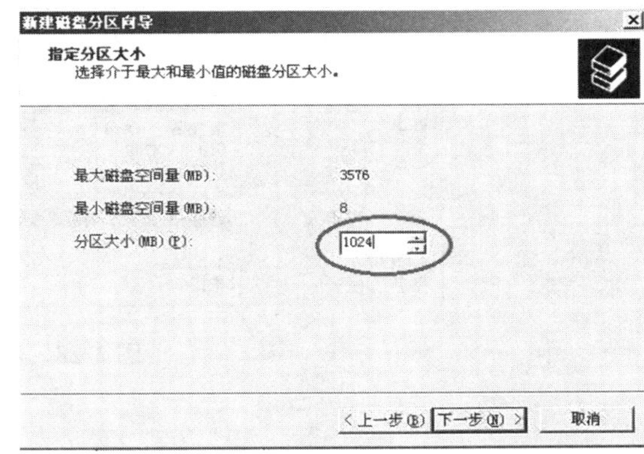

图2-25　步骤19（二）

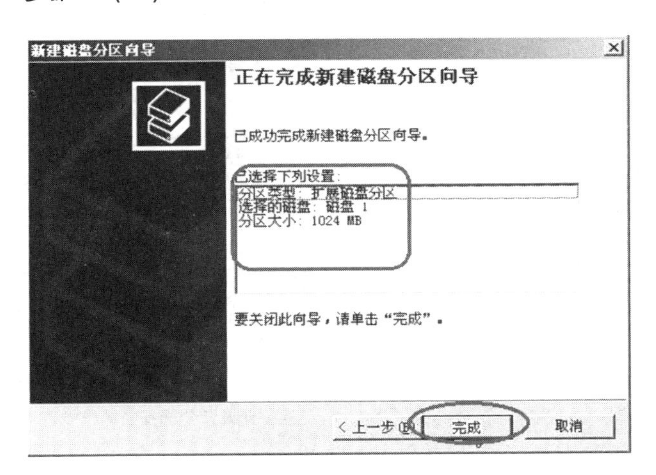

图2-26　步骤19（三）

完成后会看到如图2-27所示的灰色部分，此时的扩展分区不能直接使用，还要再对其进行逻辑分区的划分。

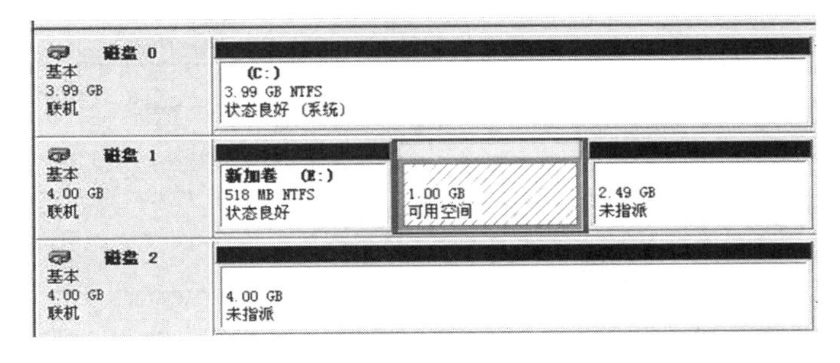

图2-27　步骤19（四）

20）右键单击图中灰色区域，在弹出的快捷菜单中选择“新建逻辑驱动器”命令，创建逻辑驱动器的步骤与前面类似，如图2-28～图2-34所示。

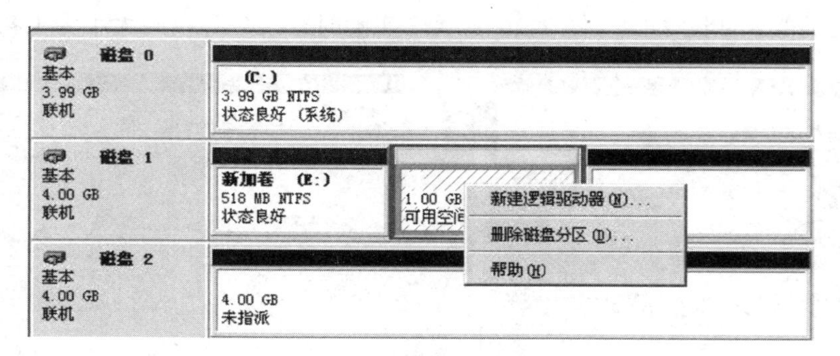

图 2-28　步骤 20（一）

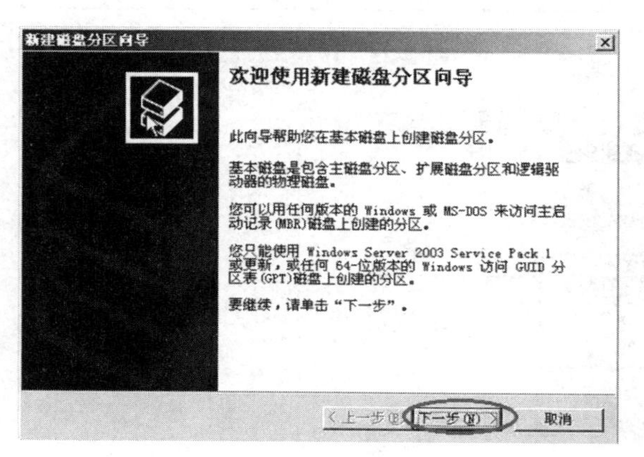

图 2-29　步骤 20（二）

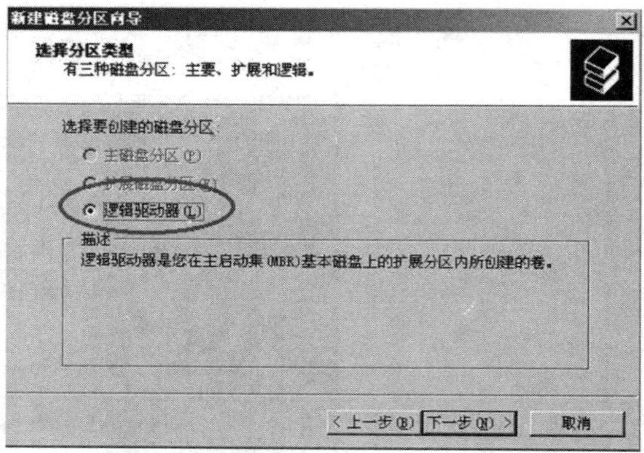

图 2-30　步骤 20（三）

注：此时只能选择新建逻辑驱动器，其他分区选项不可选。

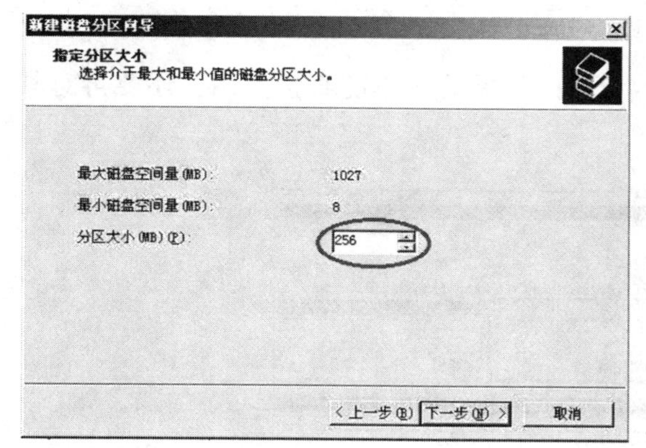

图 2-31　步骤 20（四）

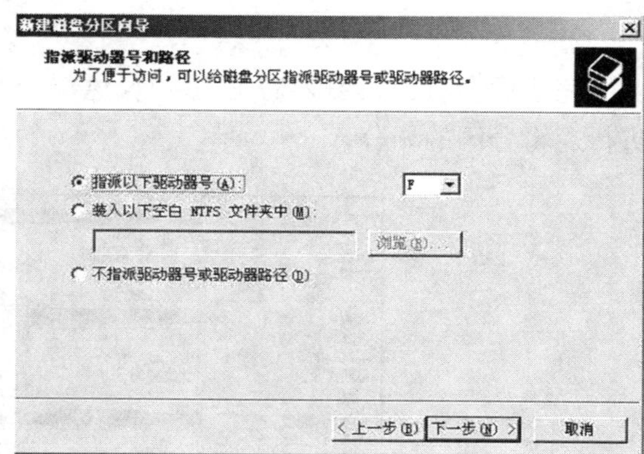

图 2-32　步骤 20（五）

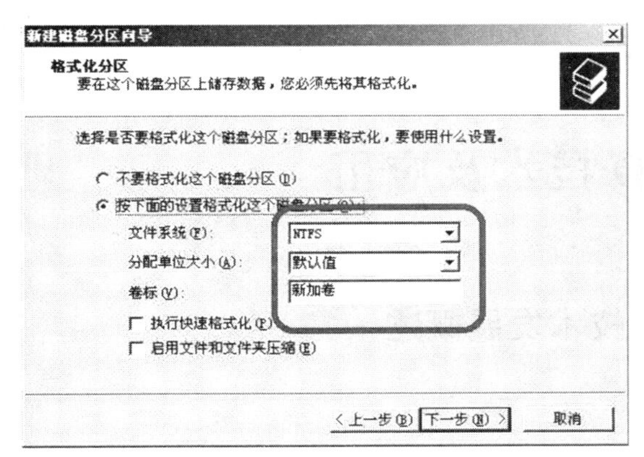

图 2-33　步骤 20（六）

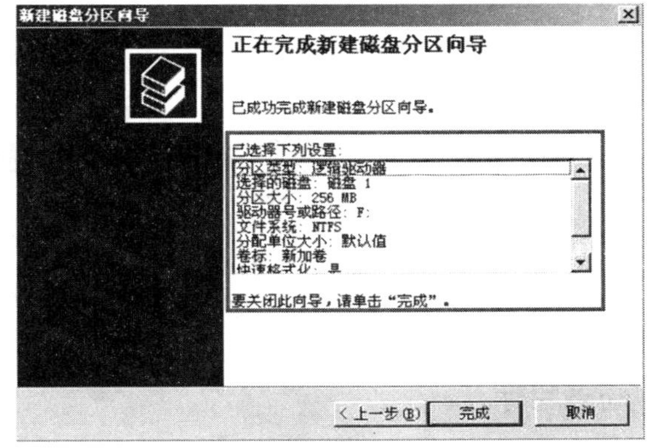

图 2-34　步骤 20（七）

完成扩展磁盘分区的创建后，会在磁盘 1 上出现一个新加卷 F，如图 2-35 所示。

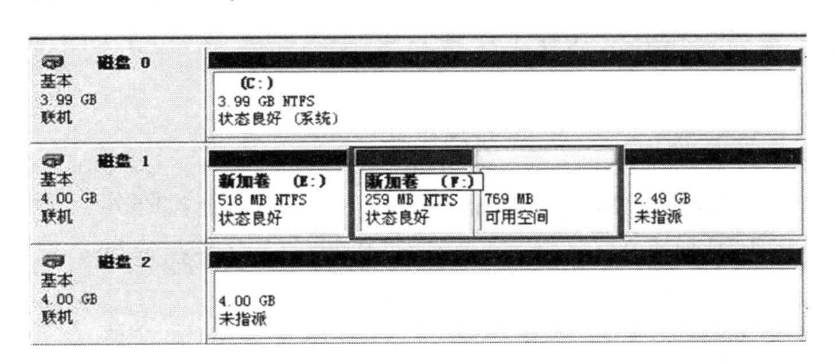

图 2-35　新加卷 F

21）打开“我的电脑”，会显示所有新建的磁盘分区，如图 2-36 所示。

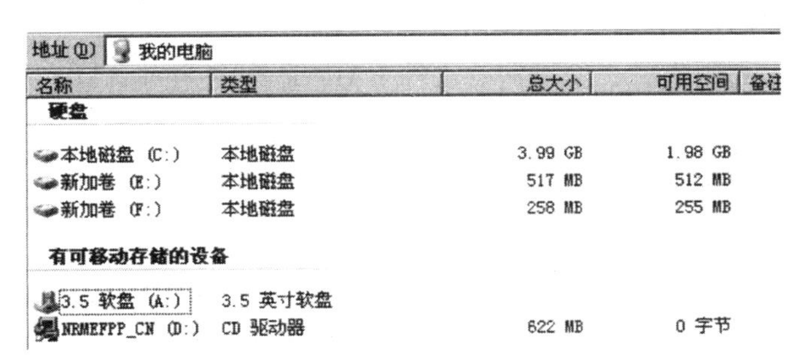

图 2-36　步骤 21

5. 思考与练习

1）添加一块新磁盘（大小为 2GB）。

2）在磁盘上创建一个大小为 512MB 的主分区，编号为 M。

3）再创建一个扩展分区，大小为 1GB，在扩展分区上创建一个逻辑分区，大小为 512MB，驱动器标号为 N。

第3章 RAID技术及应用

任务3.1 存储技术发展概述

任务目标

1）熟悉RAID基本概念与数据组织方式。

2）熟悉常用RAID级别的原理与特点。

3）掌握不同RAID级别的应用场景。

4）具备RAID规划和操作时的技术决策能力。

1．RAID概述

（1）基本概念与技术原理

RAID（Redundant Array of Independent Disks，独立冗余磁盘阵列）简称磁盘阵列，是按照一定的形式和方案组织起来的存储设备，它比单个存储设备在速度、稳定性和存储能力上都有很大提高，并且具备一定的数据安全保护能力。

RAID具有以下特性：

1）更有效的数据组织——条带、并行。

2）数据安全保护功能——校验、热备。

RAID的主要实现方式有以下两种。

1）硬件RAID：利用集成了处理器的硬件RAID适配卡来对RAID任务进行处理，无须占用主机CPU资源。

2）软件RAID：通过软件技术实现，需要操作系统支持，一般不能对系统磁盘实现RAID功能。

（2）RAID的数据组织方式

1）分块：将一个分区分成多个大小相等、地址相邻的块，这些块称为分块。

2）条带：同一磁盘阵列中的多个磁盘驱动器上的相同“位置”（相同编号）的分块。

3）分条深度：条带中“分块”的数量。分块就是阵列中写数据的最小单元，如图3-1所示。

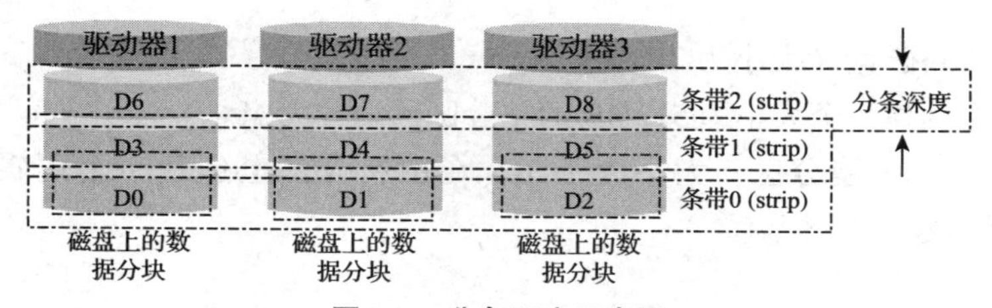

图3-1 分条深度示意图

(3) RAID 的校验方式

XOR 校验的算法——相同为假，相异为真。例如：0⊕0 = 0，0⊕1 = 1，1⊕0 = 1，1⊕1 =0，如图 3-2 所示。

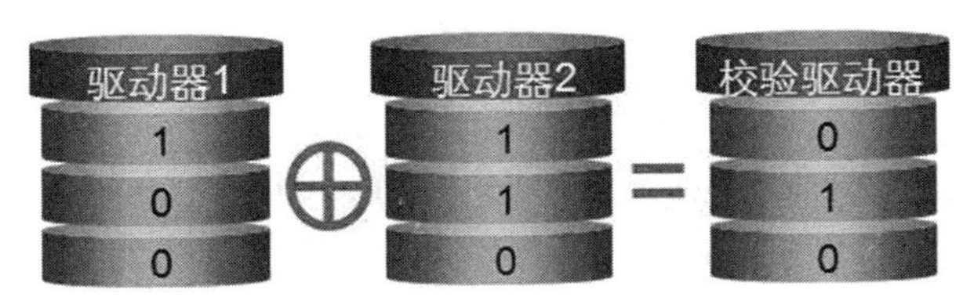

异或校验冗余备份

图 3-2　异或校验示意图

XOR 的逆运算仍为 XOR。如果 A 为 1，B 为 0，校验值 P 为 1，即 A（1）⊕B（0）=P（1），则有逆运算 B（0）⊕P（1）=A（1），A（1）⊕P（1）=B（0）。

(4) RAID 的数据保护机制

1）热备（Hot Spare）：当冗余的 RAID 中某个磁盘失效时，在不干扰当前 RAID 系统正常使用的情况下，用 RAID 系统中另外一个正常的备用磁盘顶替失效磁盘，如图 3-3 所示。热备通过配置热备盘实现，热备盘分为全局热备盘和局部热备盘。

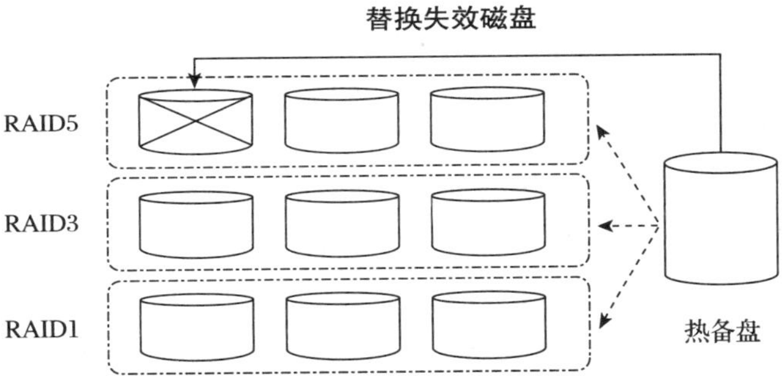

图 3-3　热备盘设置示意图

2）重构（rebuild）：镜像阵列或者 RAID 中发生故障磁盘上的所有用户数据和校验数据的重新构建过程，或者将这些数据写到一个或者多个备用磁盘上的过程，如图 3-4 所示。

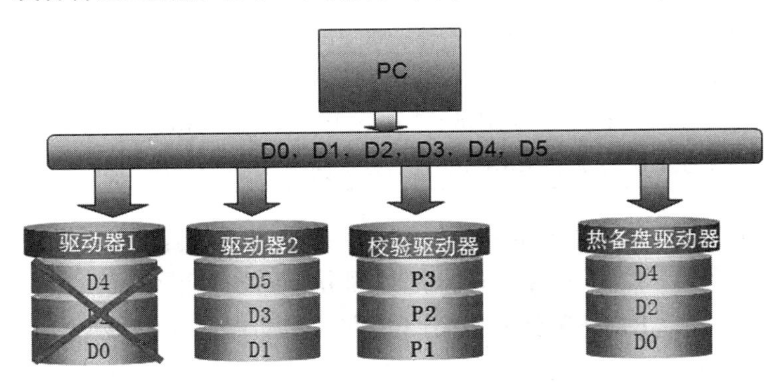

图 3-4　故障盘重构示意图

(5) RAID 的状态

RAID 的状态及其转换关系如图 3-5 所示。

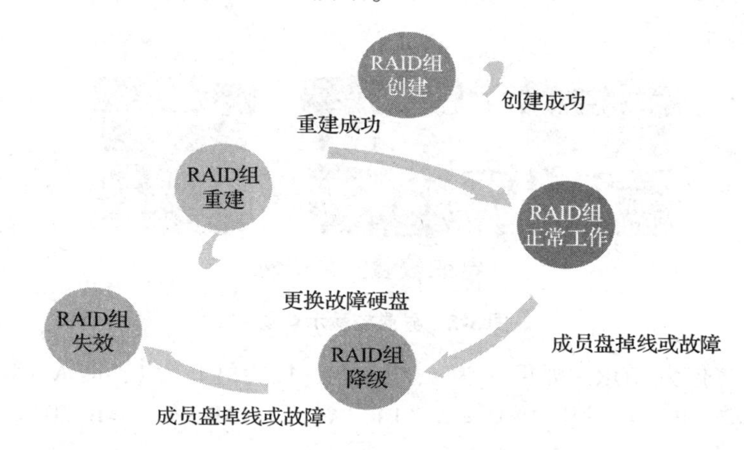

图 3-5　RAID 状态转换示意图

2. 常用 RAID

(1) 常用 RAID 的级别与分类标准

RAID 技术将多个单独的物理硬盘以不同的方式组合成一个逻辑硬盘，提高了硬盘的读写性能和数据安全性。RAID 技术主要是为了整合大量的磁盘而开发的，它的优势如下：

1）通过把多个磁盘组织在一起，作为一个逻辑卷提供磁盘跨越功能。

2）通过把数据分成多个数据块，并行写入/读出多个磁盘，以提高访问磁盘的速度。

3）通过镜像或校验操作，提供容错能力。

RAID 根据不同的组合方式可以分为不同的级别，见表 3-1。

表 3-1　RAID 级别描述

RAID 级别	描　述
RAID 0	数据条带化，无校验
RAID 1	数据镜像，无校验
RAID 3	数据条带化读写，校验信息存放于专用硬盘
RAID 5	数据条带化，校验信息分布式存放
RAID 6	数据条带化，分布式校验并提供两级冗余
RAID 10	类似于 RAID 0+1，区别在于先做 RAID 1，后做 RAID 0
RAID 50	先做 RAID 5，后做 RAID 0，能有效提高 RAID 5 的性能

1）RAID 0。RAID 0 又称为 Stripe 或 Striping，它代表了所有 RAID 级别中最高的存储性能。RAID 0 使用“条带”（Striping）技术把数据分布到各个磁盘上，在那里每个“条带”被分散到连续“块”上，RAID 0 至少使用两个磁盘驱动器，并将数据分成从 512B 到数兆字节（一般是 512B 的整数倍）的若干块，这些数据块可以被并行写到不同的磁盘中。第 1 块数据被写到驱动器 1 中，第 2 块数据被写到驱动器 2 中，如此类推，当系统到达阵列中的

最后一个磁盘时，就重新回到驱动器 1 的下一分段进行写操作；分割数据将 I/O 负载平均分配到所有的驱动器中。RAID 0 的实现方式如图 3-6 所示。

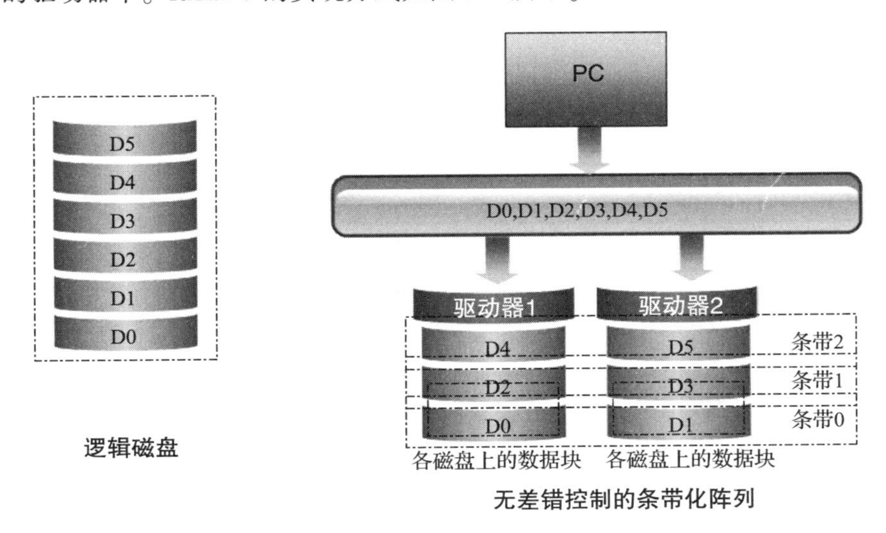

图 3-6 RAID 0 的实现方式

RAID 0 的数据写入是以条带形式将数据均匀分布到 RAID 组的各个硬盘中。RAID 0 的数据是按照条带进行写入的，即一个条带的所有分块写满后，再开始在下一个条带上进行数据写入。如图 3-7 所示，现在有数据 D0、D1、D2、D3、D4、D5 需要在 RAID 0 中进行写入，首先将第一个数据 D0 写入第一块硬盘位于第一个条带的块，将第二个数据 D1 写入第二块硬盘位于第一个条带的块，至此，第一个条带的各个块写满了数据。当有数据 D2 需要写入时，就要对下一个条带进行写入，将数据 D2 写入第一块硬盘位于第二个条带的块中……数据 D3、D4、D5 的写入同理，写满一个条带的所有块再开始在下一个条带中进行写入。

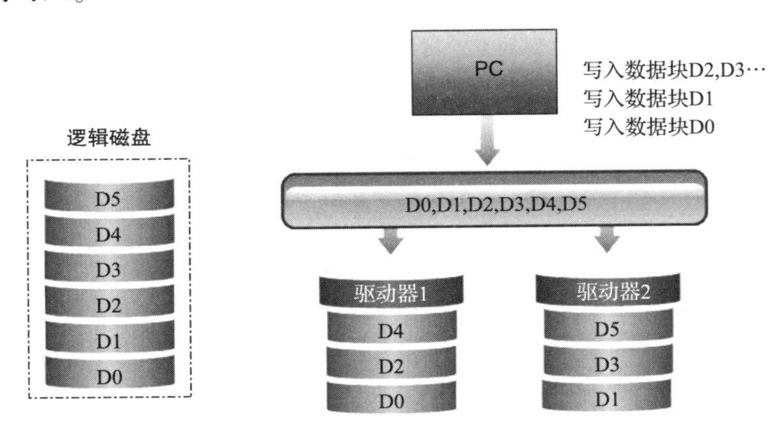

图 3-7 RAID 0 的数据写入

RAID 0 在收到数据读取指令后，就会在各个硬盘中进行搜索，看需要读取的数据块位于哪一个磁盘上，再依次对需要读取的数据进行读取。如图 3-8 所示，现在收到读取数据

D0、D1、D2、D3、D4、D5 的指令，首先从第一块磁盘读取数据块 D0，再从第二块磁盘读取数据块 D1……对各个数据块，从磁盘阵列读取后再由 RAID 控制器进行整合，传送给系统，至此，整个读取过程结束。

注意：同一条带上的数据块可以实现并行读取。

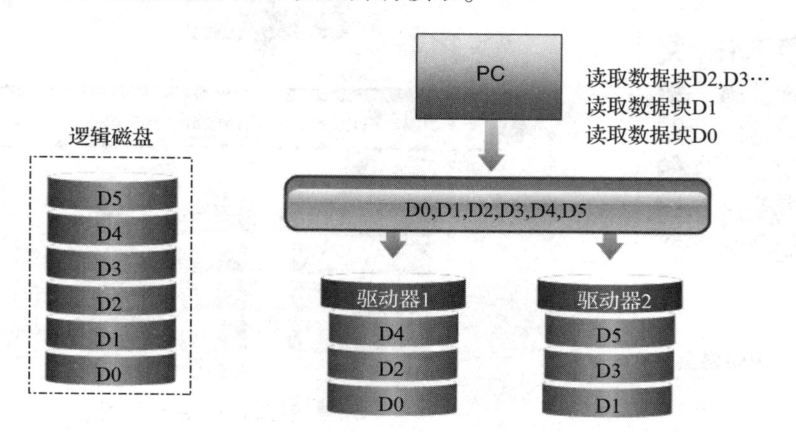

图 3-8　RAID 0 的数据读取

阵列中某一个驱动器发生故障，将导致其中的数据丢失，如图 3-9 所示。由于 RAID 0 只是将数据按一定方式组织起来，而没有在各个磁盘的数据块之间提供数据安全性保护，所以一旦阵列中有某一个驱动器发生故障，整个阵列将失效。

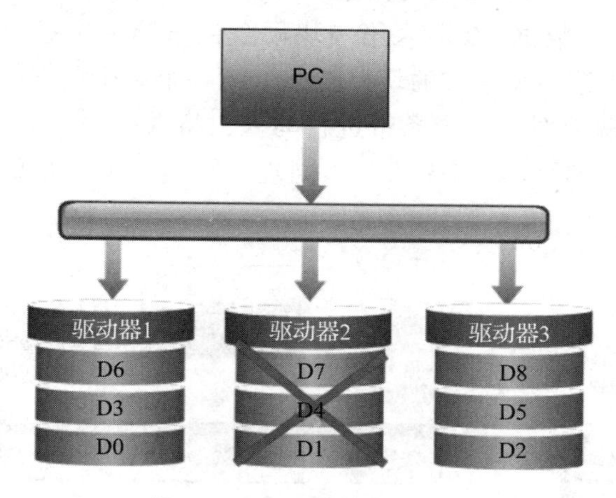

图 3-9　RAID 0 的数据丢失

2）RAID 1。RAID 1 也被称为镜像，其目的是为了打造出一个安全性极高的存储系统。RAID1 使用两组相同的磁盘系统互作镜像，速度没有提高，但是允许单个磁盘故障，数据可靠性高。其原理为在主磁盘上存放数据的同时也在镜像磁盘上写一样的数据，当主硬盘损坏时，镜像磁盘则代替主磁盘的工作。因为有镜像磁盘作为数据备份，所以 RAID 1 的数据安全性在所有的 RAID 级别上来说是最好的。RAID 1 的实现方式如图 3-10 所示。

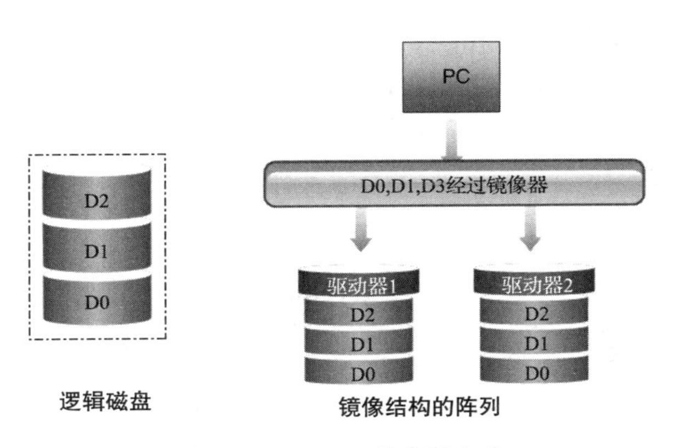

图 3-10　RAID 1 的实现方式

RAID 1 在进行数据写入的时候，并不是像 RAID 0 那样将数据划分为条带存储，而是将数据写入两个磁盘，这两个磁盘上的数据完全相同，互为镜像，这两个磁盘写满后，再写入后面的两个磁盘，总之，总是有两个磁盘互为镜像，存储的内容完全相同。如图 3-11 所示，需要将数据块 D0、D1、D2 写入 RAID 1，先在两个磁盘上同时写入数据块 D0，再在两个磁盘上同时写入数据块 D1。

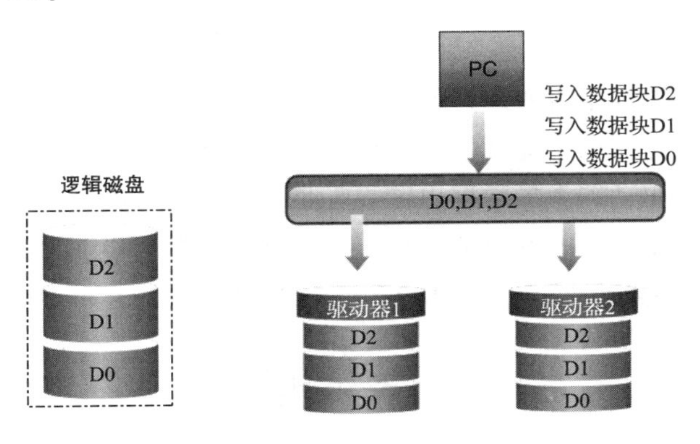

图 3-11　RAID 1 的数据写入

RAID 1 在进行数据读取的时候，正常情况下可以实现数据盘和镜像盘同时读取数据，提高读取性能。如果一个磁盘损坏，可以将 I/O 的执行放到镜像盘上进行，如图 3-12 所示。

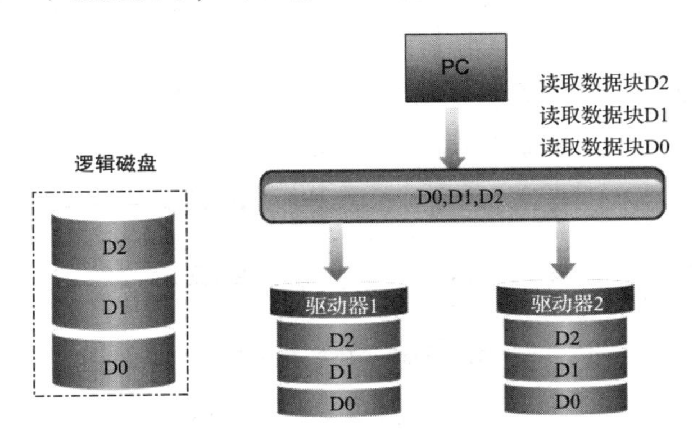

图 3-12　RAID 1 的数据读取

RAID 1 的两组磁盘是互为镜像的，两组磁盘的内容完全相同，这样，任何一组磁盘中的数据出现问题都可以马上从另一组磁盘进行镜像恢复。如图 3-13 所示，磁盘 1 损坏导致数据丢失，需要将故障磁盘用正常磁盘替换，再读取磁盘 2 的数据，将其复制到磁盘 1 上，从而实现了数据的恢复。

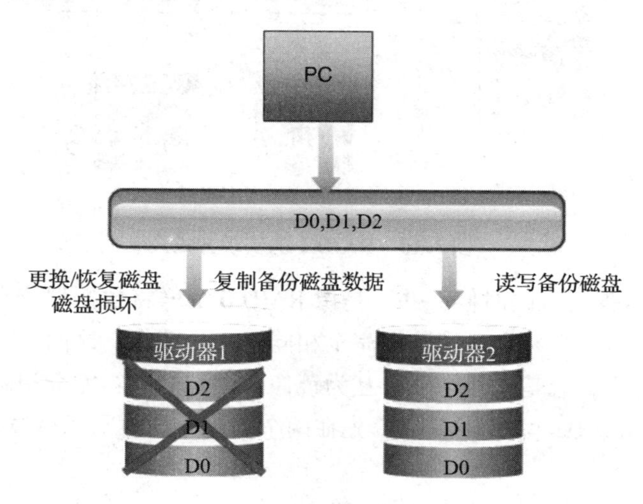

图 3-13　RAID 1 的数据恢复

3）RAID 3。RAID 3 为带有专用奇偶校验位的条带化阵列，是 RAID 0 的一种改进模式。在阵列中有一个驱动器专门用来保存其他驱动器中对应条带中数据的奇偶校验信息。奇偶位是编码信息，如果某个驱动器中的数据出错或者某一个驱动器故障，可以通过对奇偶校验信息的计算来恢复出故障驱动器中的数据信息。在数据密集型环境或者单一用户环境中，组建 RAID 3 对访问较长的连续记录较好。RAID 3 的实现方式如图 3-14 所示。

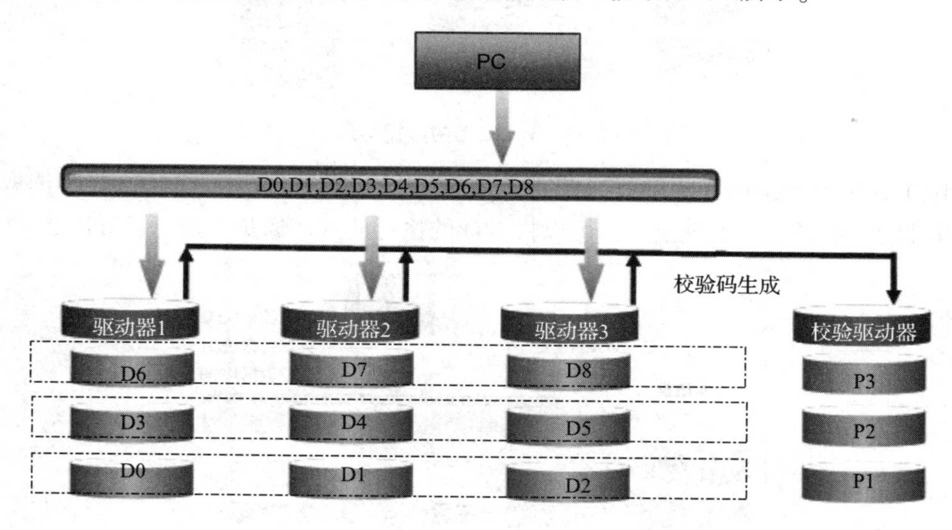

图 3-14　RAID 3 的实现方式

RAID 3 为单盘容错并行传输，即采用 Stripping 技术将数据分块，对这些块进行异或校验，校验数据写到最后一个硬盘上。如图 3-15 所示，它的特点是有一个盘为校验盘，数据以位或字节的方式存于各盘（分散记录在组内相同扇区的各个硬盘上）。当一个硬盘发生故障时，除故障盘外，写操作将继续对数据盘和校验盘进行操作。

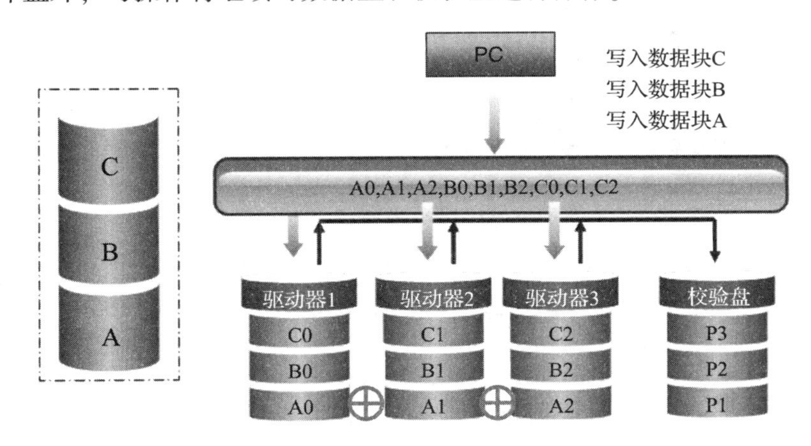

图 3-15 RAID 3 的数据写入

RAID 3 的数据读取是按照条带来进行的。如图 3-16 所示，对每个磁盘的驱动器主轴电动机进行精确地控制，同一条带上各个磁盘上的数据位同时读取，各个驱动器得到充分利用，读性能较高。RAID 3 的数据读写属于并行方式。

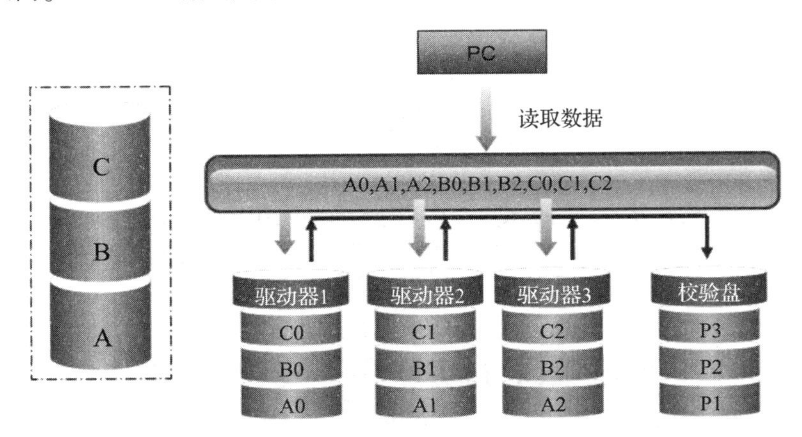

图 3-16 RAID 3 的数据读取

RAID 3 的数据恢复是通过对剩余数据盘和校验盘的异或计算重构故障盘上应有的数据来进行的。如图 3-17 所示的 RAID 3 磁盘结构，当磁盘 2 故障时，其上存储的数据 A1、B1、C1 丢失，我们需要经过这样一个数据恢复过程：首先恢复数据 A1，根据同一条带上其他数据盘和校验盘上的数据 A0、A2、P1 进行异或运算，得到应有的数据 A1，再用相同方法恢复出数据 B1、C1 的数据，至此，磁盘上 2 的数据全部得到了恢复。由于校验集中在一个盘，因此在数据恢复时，校验盘写压力比较大，影响性能。

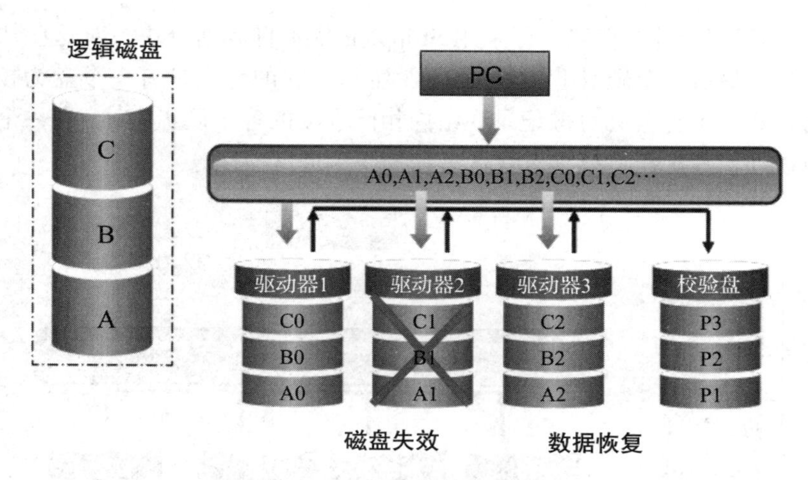

图 3-17　RAID 3 的数据恢复

4）RAID 5。RAID 5 是一种旋转奇偶校验独立存取的阵列方式，它与 RAID 3 不同的是没有固定的校验盘，而是按某种规则把奇偶校验信息均匀地分布在阵列所属的硬盘上，所以在每块硬盘上，既有数据信息也有校验信息。这一改变解决了争用校验盘的问题，使得可以在同一组内并发进行多个写操作。所以 RAID 5 既适用于大数据量的操作，也适用于各种事务处理，它是一种快速、大容量和容错分布合理的磁盘阵列。当有 N 块阵列盘时，用户空间为 $N-1$ 块盘容量。在 RAID 3、RAID 5 中，一块硬盘发生故障后，RAID 组从 ONLINE 变为 DEGRADED 方式，但 I/O 读写不受影响，直到故障盘恢复。但如果在 DEGRADED 状态下，又有第二块盘故障，整个 RAID 组的数据将丢失。RAID 5 的实现方式如图 3-18 所示。

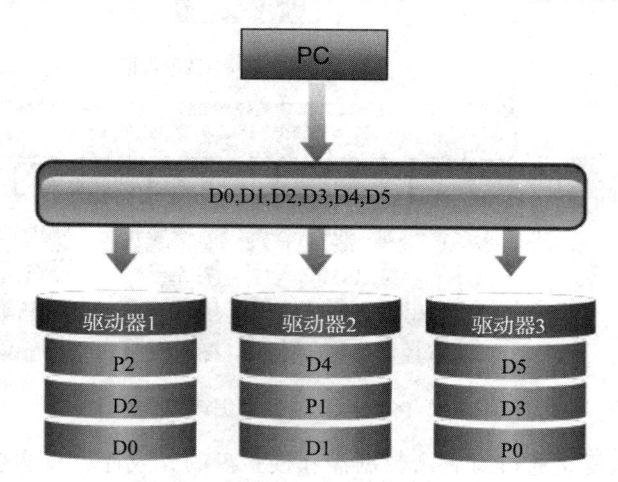

图 3-18　RAID 5 的实现方式

RAID 5 的数据写入也是按条带进行的，如图 3-19 所示，各个磁盘上既存储数据块，又存储校验信息。一个条带上的数据块写入完成后，将产生的校验信息写入剩余的磁盘驱动器中。

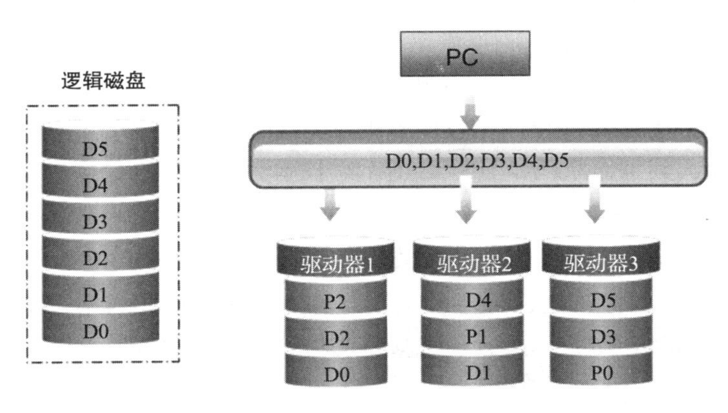

图3-19　RAID 5的数据写入

由于RAID 5的数据是按照数据块分布存储的，所以在读取的过程中只要找到相应的驱动器，将所需数据块读出即可，如图3-20所示。

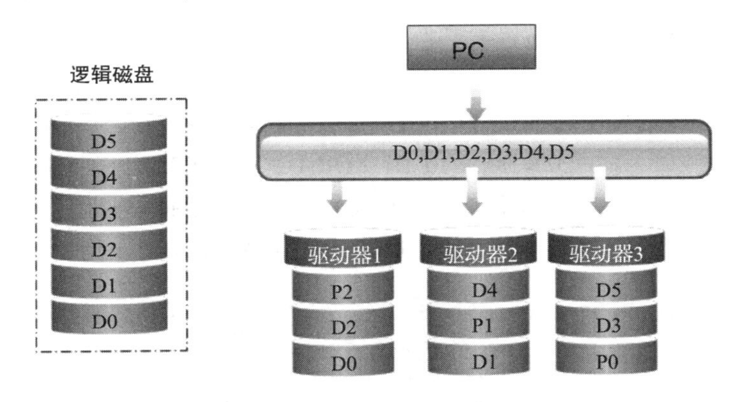

图3-20　RAID 5数据读取

RAID 5的数据恢复也是一个根据同一条带上正常磁盘数据块和校验信息的异或运算而得到原有数据的过程，如图3-21所示。

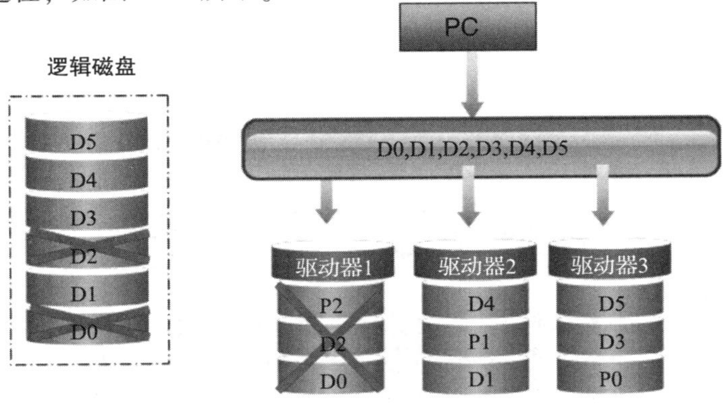

图3-21　RAID 5的数据恢复

5）RAID 6。RAID 6是带有两种分布存储的奇偶校验码的独立磁盘结构，它是RAID 5的一种扩展，采用两种奇偶校验方法，需要至少$N+2$个磁盘来构成阵列，一般用在数据可靠性、可用性要求极高的应用场合。

常用的 RAID 6 技术有 RAID6 P + Q 和 RAID6 DP 两种。

① RAID 6 P + Q 需要计算出两个校验数据 P 和 Q，当有两个数据丢失时，根据 P 和 Q 恢复出丢失的数据，其工作原理如图 3-22 所示。校验数据 P 和 Q 是由以下公式计算得来的：

$$-P = D0 \oplus D1 \oplus D2 \oplus \cdots$$

$$-Q = (\alpha \otimes D0) \oplus (\beta \otimes D1) \oplus (\gamma \otimes D2) \oplus \cdots$$

驱动器1	驱动器2	驱动器3	驱动器4	驱动器5	
P1	Q1	D0	D1	D2	条带0
D3	P2	Q2	D4	D5	条带1
D6	D7	P3	Q3	D8	条带2
D9	D10	D11	P4	Q4	条带3
Q5	D12	D13	D14	P5	条带4

图 3-22　RAID 6 P + Q 的工作原理

② RAID 6 DP（Double Parity）就是在 RAID 5 所使用的一个行 XOR 校验磁盘的基础上又增加了一个磁盘用于存放斜向的 XOR 校验信息。图 3-23 所示为 RAID 6 DP 的工作原理，横向校验盘中 P0 ~ P3 为各个数据盘中横向数据的校验信息，例如

P0 = D0 XOR D1 XOR D2 XOR D3

斜向校验盘中 DP0 ~ DP4 为各个数据盘及横向校验盘的斜向数据校验信息，例如

DP0 = D0 XOR D5 XOR D10 XOR D15

驱动器1	驱动器2	驱动器3	驱动器4	横向校验盘	斜向校验盘	
D0	D1	D2	D3	P0	DP0	条带0
D4	D5	D6	D7	P1	DP1	条带1
D8	D9	D10	D11	P2	DP2	条带2
D12	D13	D14	D15	P3	DP3	条带3
					DP4	

图 3-23　RAID 6 DP 的工作原理

6）RAID 10。RAID 10 是将镜像和条带进行组合的 RAID 级别，先进行 RAID 1 镜像然后再做 RAID 0，如图 3-24 所示。RAID 10 也是一种应用比较广泛的 RAID 级别。

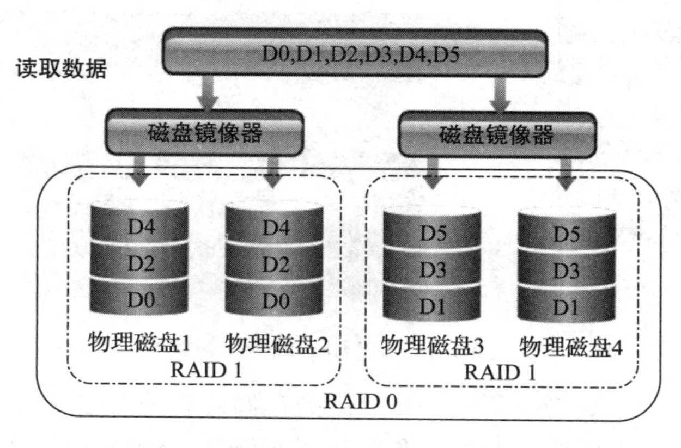

图 3-24　RAID 组合——RAID 10

7）RAID 50。RAID 50是将RAID 5和RAID 0进行两级组合的RAID级别，第一级是RAID 5，第二级为RAID 0，如图3-25所示。

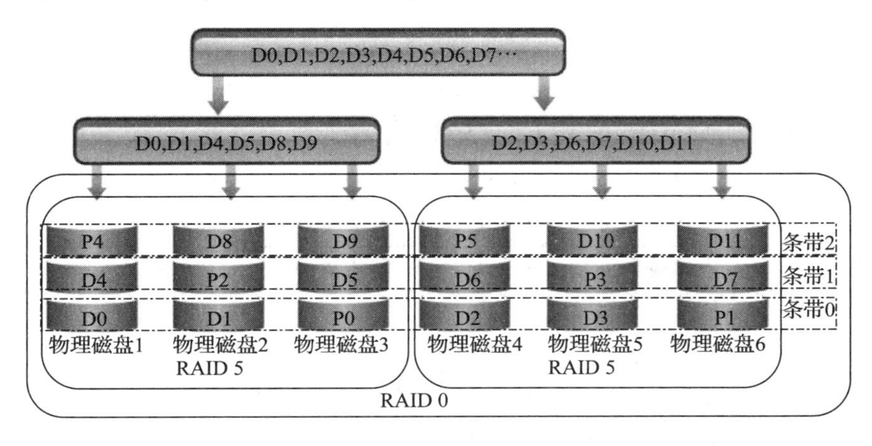

图3-25　RAID组合——RAID 50

（2）常用RAID级别的比较

常用RAID级别的比较见表3-2。

表3-2　常用RAID级别的比较

RAID级别	RAID 0	RAID 1	RAID 3	RAID 5	RAID 10
别名	条带	镜像	专用奇偶位条带	分布奇偶位条带	镜像阵列条带
容错性	无	有	有	有	有
冗余类型	无	复制	奇偶校验	奇偶校验	复制
热备盘选项	无	有	有	有	有
读性能	高	低	高	高	一般
随机写性能	高	低	最低	低	一般
连续写性能	高	低	低	低	一般
最小硬盘数	2块	2块	3块	3块	4块
可用容量	N * 单块硬盘容量	（N/2） * 单块硬盘容量	（$N-1$） * 单块硬盘容量	（$N-1$） * 单块硬盘容量	（N/2） * 单块硬盘容量

（3）RAID的典型应用场景

各级别RAID的典型应用场景见表3-3。

表3-3　RAID的典型应用场景

RAID级别	RAID 0	RAID 1	RAID 3	RAID 5 /6	RAID 10
典型应用环境	读写迅速，安全性要求不高，如图形工作站等	随机数据写入，安全性要求高，如服务器、数据库存储领域	连续数据传输，安全性要求高，如视频编辑、大型数据库等	随机数据传输，安全性要求高，如金融、数据库、存储等	数据量大，安全性要求高，如银行、金融等领域

(4) RAID 级别选择

表 3-4 从可靠性、性能和成本方面简单比较各 RAID 级别的优劣（相对而言），供在实际项目中选择时参考。

表 3-4　RAID 级别选择方式

	RAID 0	RAID 1	RAID 3	RAID 5	RAID 10	RAID 6
可靠性	★	★★★★	★★	★★★	★★★★	★★★★
性能	★★★★	★★★★	★★★	★★★	★★★★	★★
成本	★★★★	★★	★★★	★★★	★★	★★

3. RAID 与 LUN 的关系

RAID 由几个磁盘组成，从整体上看相当于由多个磁盘组成的一个大的物理卷，在物理卷的基础上可以按照指定容量创建一个或多个逻辑单元，这些逻辑单元称作 LUN，可以作为映射给主机的基本块设备。RAID 与 LUN 的关系如图 3-26 所示。

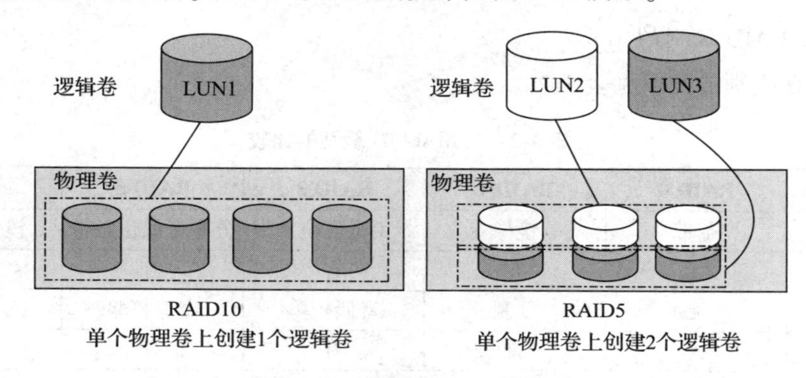

图 3-26　RAID 与 LUN 的关系

任务 3.2　RAID 0 的创建实验

1. 实验目标

1）熟练地创建 RAID 0。

2）使用存储设备实现硬盘的 RAID 0 功能。

2. 实验时间

本实验要求 15min 内完成。

3. 实验硬件与软件版本

虚拟机（PC）1 台。

4. 实验具体步骤

(1) 为虚拟机添加硬盘

为虚拟机添加磁盘的步骤可参照任务 2. 2，请读者自行完成，此处不再赘述。

（2）实现 RAID 0 的创建

1）在 Windows Server 2003 中单击“接通虚拟机电源”，如图 3-27 所示。

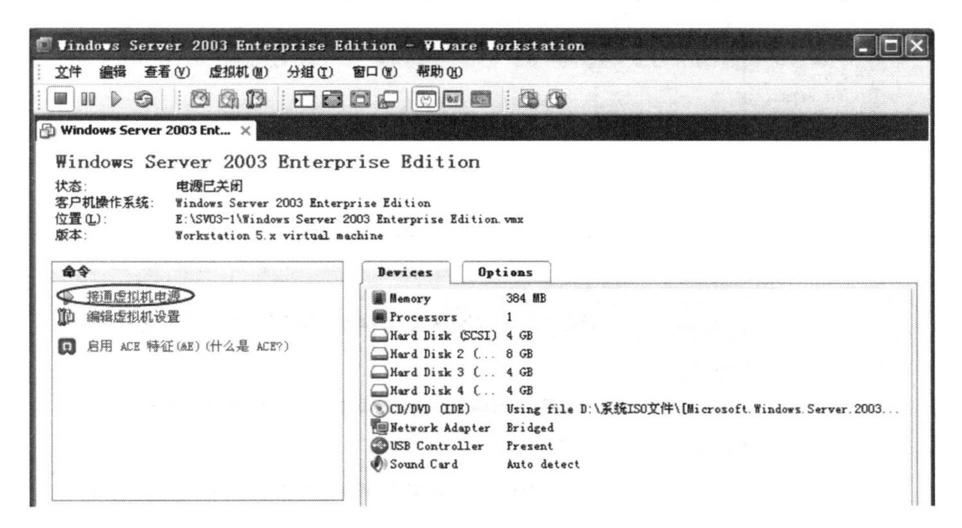

图 3-27　步骤 1

2）在系统中右键单击“我的电脑”，选择“管理”命令，打开“计算机管理”窗口，单击“磁盘管理”，如图 3-28 所示。

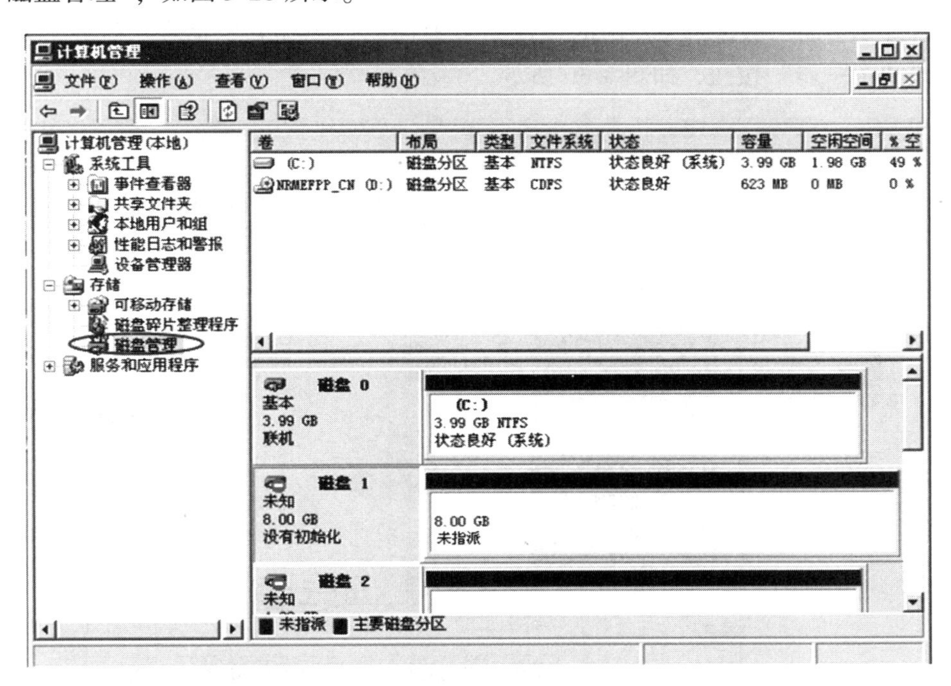

图 3-28　步骤 2

3）右键单击需要初始化的磁盘，在弹出的快捷菜单中选择“初始化磁盘”命令，将磁盘转化为动态磁盘，如图 3-29 所示。

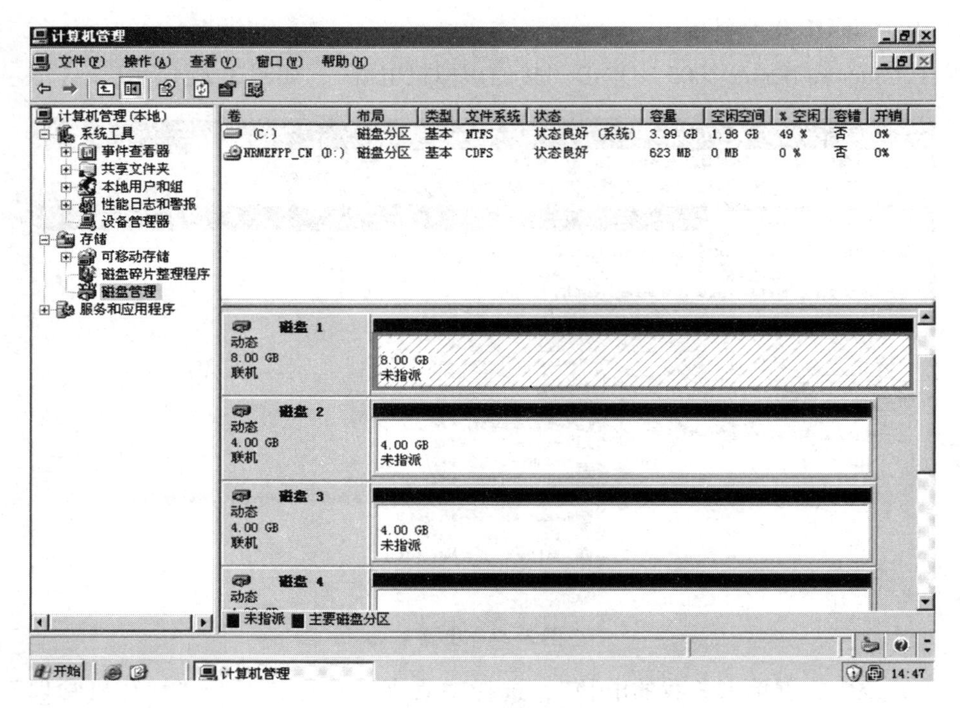

图 3-29　步骤 3

4）右键单击动态磁盘，在弹出的快捷菜单中选择“新建卷”命令，打开“新建卷向导”，单击“下一步”按钮，如图 3-30 所示。

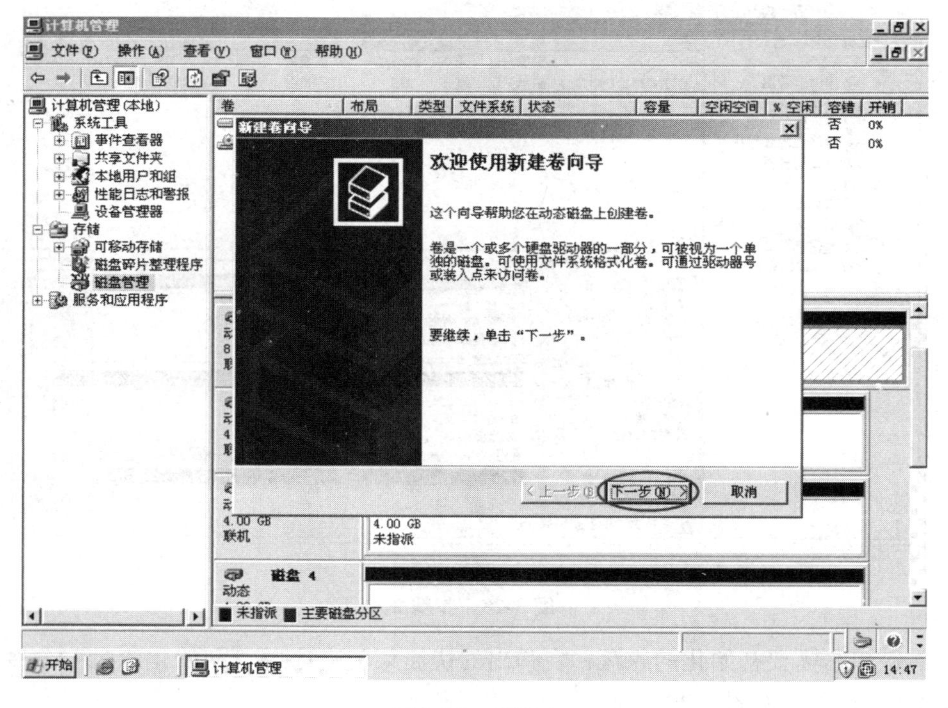

图 3-30　步骤 4

5）选择卷类型为“带区”，如图 3-31 所示，再单击“下一步”按钮。

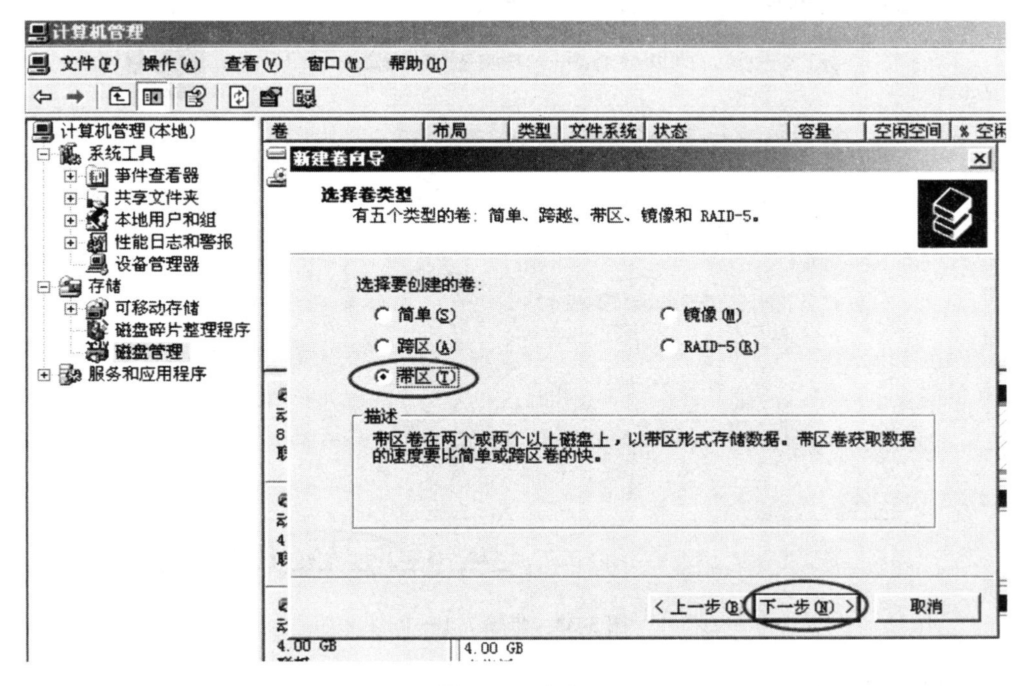

图 3-31　步骤 5

6）单击“添加”按钮添加磁盘并设置大小，如图 3-32 所示，单击“下一步”按钮。

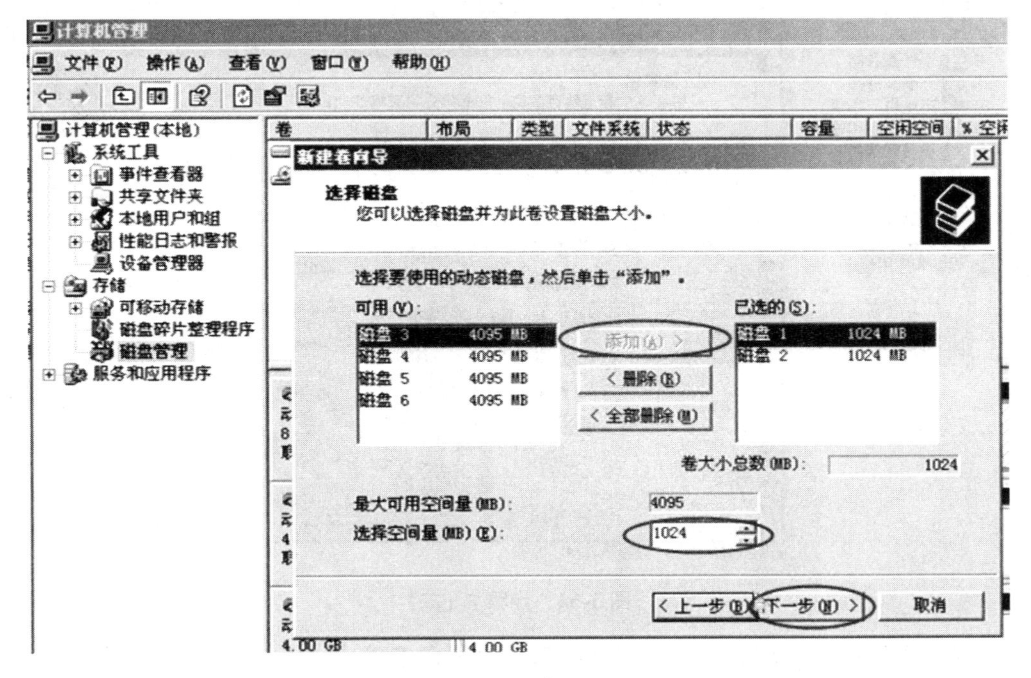

图 3-32　步骤 6

7）为新建卷设置驱动器号并进行格式化处理，如图 3-33、图 3-34 所示。

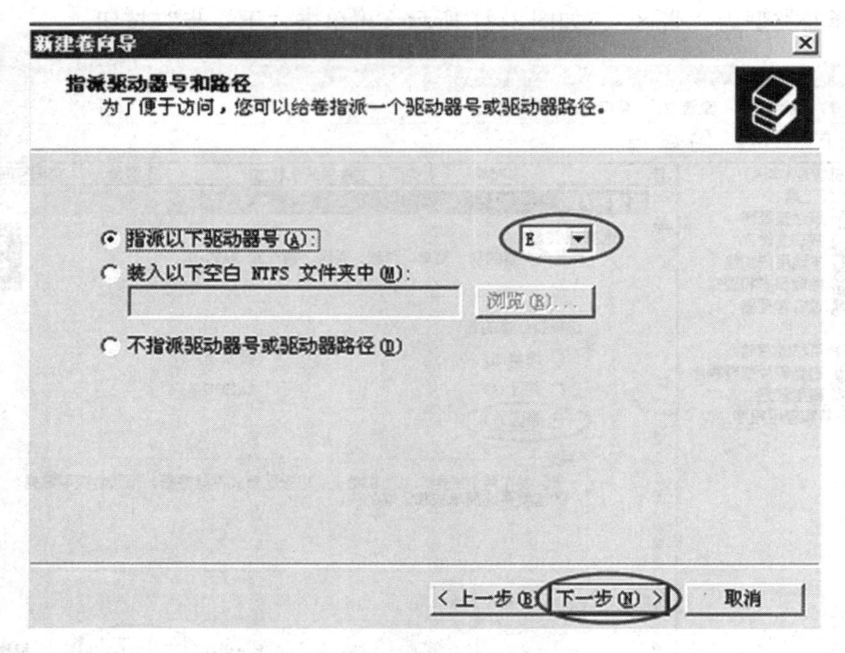

图 3-33 步骤 7（一）

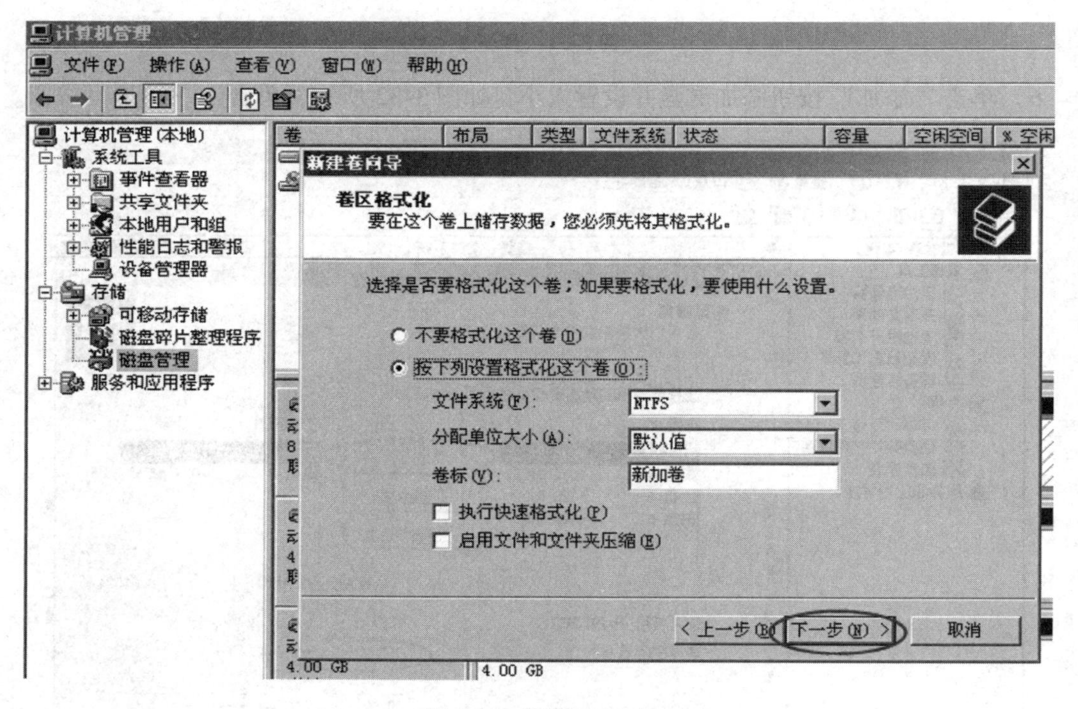

图 3-34 步骤 7（二）

8）卷的操作设置完成后，可以看到原来两块硬盘连接成为一个分区，容量为两个硬盘之和，如图 3-35、图 3-36 所示。

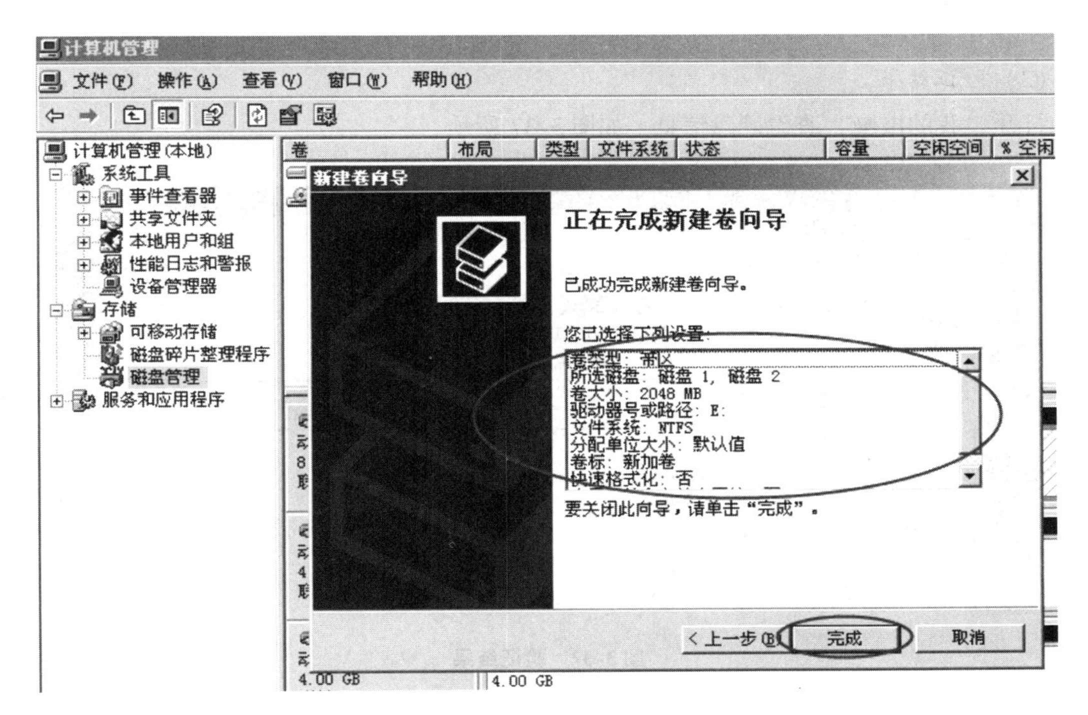

图3-35　步骤8（一）

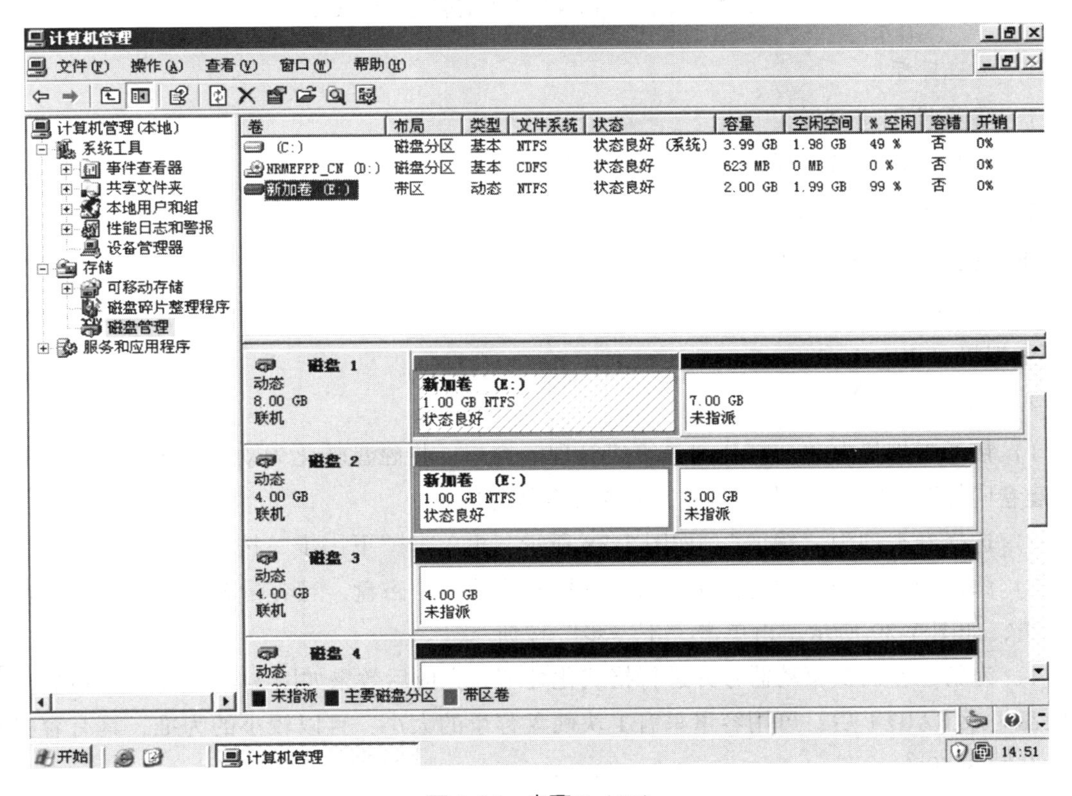

图3-36　步骤8（二）

(3) 验证结果

打开“我的电脑”查看硬盘信息，如图 3-37 所示。

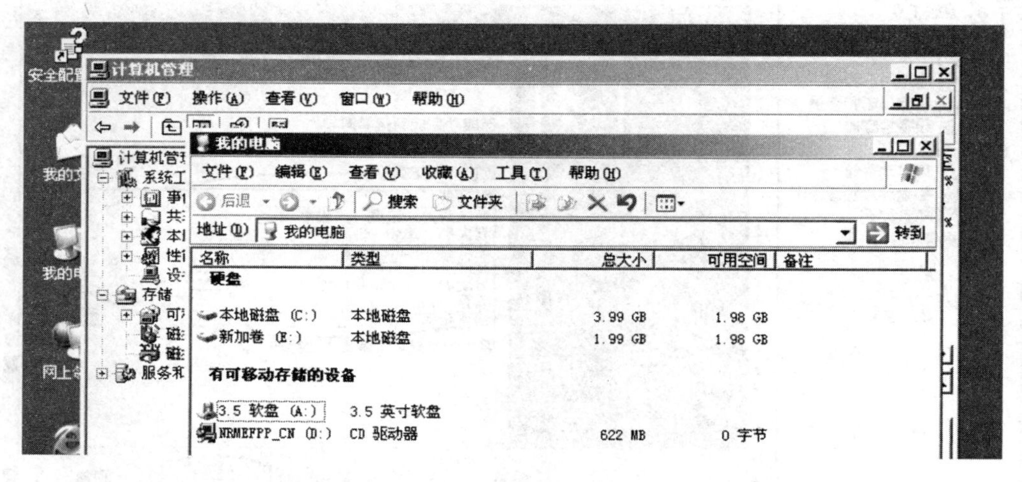

图 3-37　验证结果

任务 3.3　RAID 1 的创建实验

1. 实验目标

1）熟练地创建 RAID 1。

2）使用存储设备实现磁盘的 RAID 1 功能。

2. 实验时间

本实验要求 15min 内完成。

3. 实验硬件

虚拟机（PC）1 台。

4. 实验具体步骤

1）接通虚拟机电源，打开“计算机管理”窗口，将磁盘转化为动态磁盘，然后再打开“新建卷向导”。本步骤同任务 3.2，请读者自行完成。

2）选择卷类型为“镜像”，如图 3-38 所示，再单击“下一步”按钮。

3）添加所要使用的硬盘，注意只能选择相邻的一个磁盘，且容量要大于或等于当前磁盘容量，如图 3-39 所示，再单击“下一步”按钮。

4）为新建卷设置驱动器号并进行格式化处理，完成后效果如图 3-40 所示。可以看出两块硬盘组成 RAID 1 后，可用容量只有 1 块硬盘容量的大小，且以较小的为准，具有容错功能，开销为 50%。

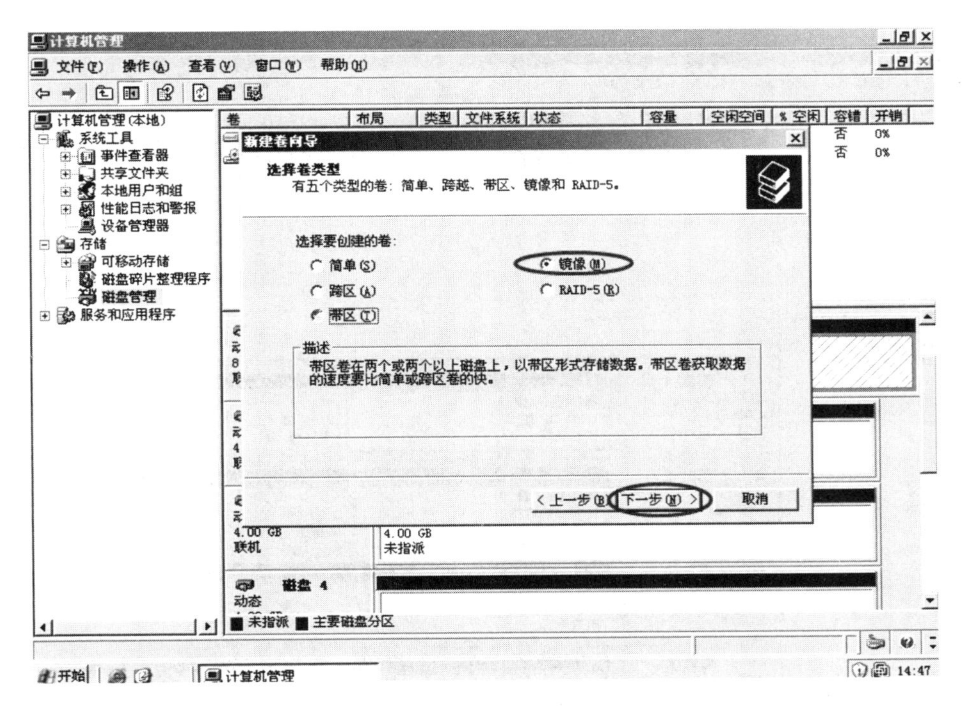

图 3-38　步骤 2

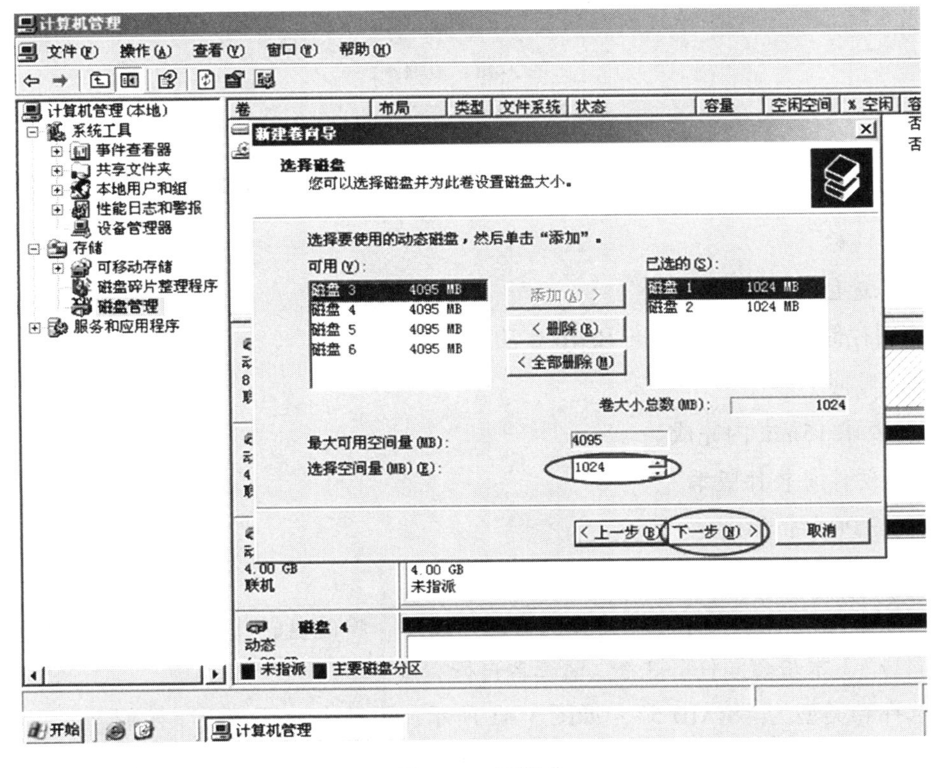

图 3-39　步骤 3

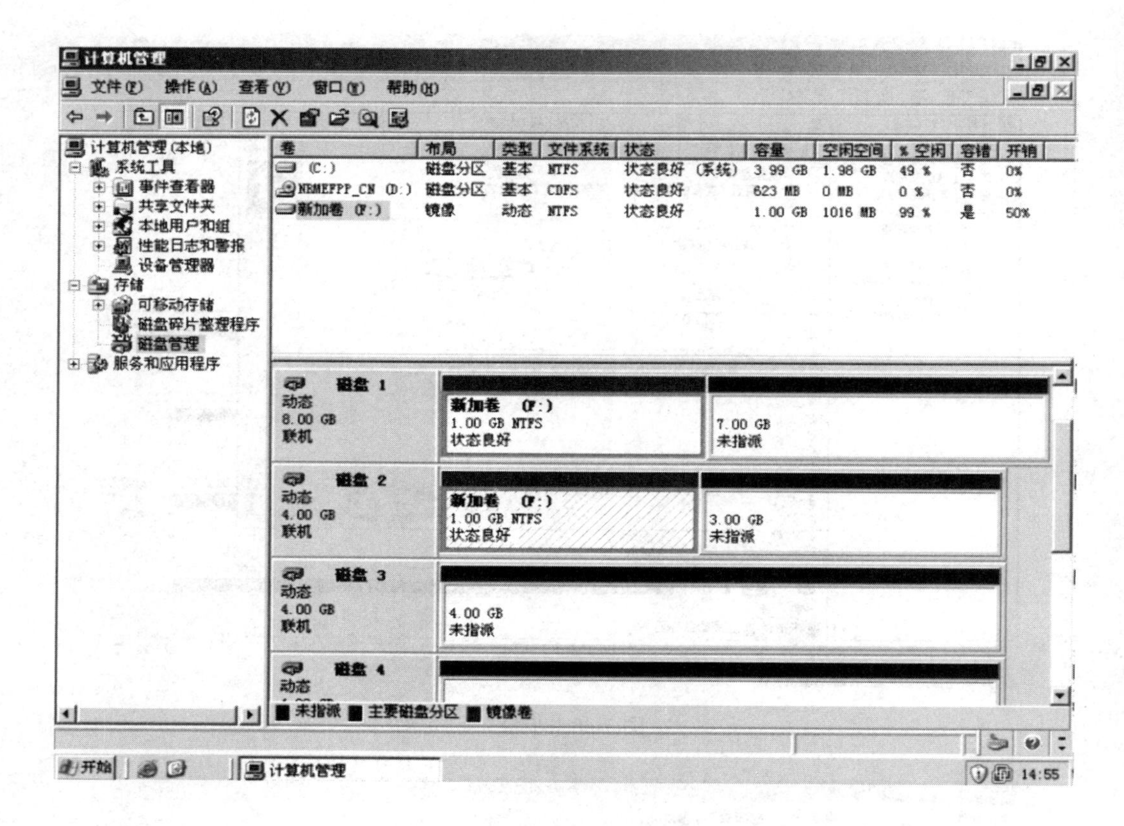

图 3-40　步骤 4

任务 3.4　RAID 5 的创建实验

1. 实验目标

1）熟练地创建 RAID 5。

2）使用存储设备实现硬盘的 RAID 5 功能。

2. 实验时间

本实验要求 15min 内完成。

3. 实验硬件与软件版本

虚拟机（PC）1 台。

4. 实验具体步骤

1）接通虚拟机电源，打开“计算机管理”窗口，将磁盘转化为动态磁盘，然后再打开“新建卷向导”。本步骤同任务 3.2，请读者自行完成。

2）选择卷类型为“RAID 5”，如图 3-41 所示，再单击“下一步”按钮。

3）选择所要使用的硬盘，且容量要大于或等于当前硬盘容量，如图 3-42 所示。

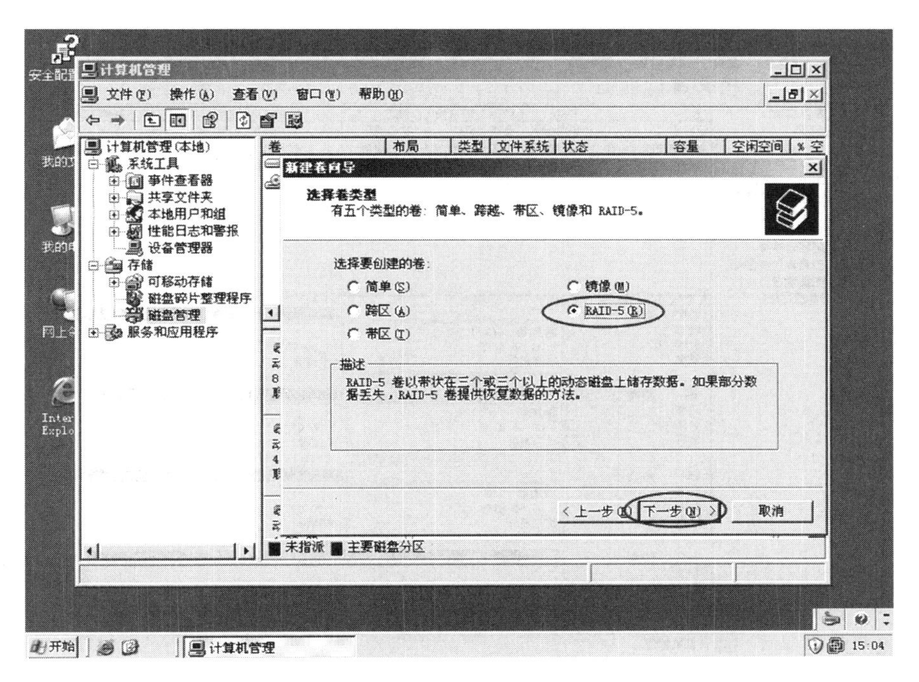

图 3-41　步骤 2

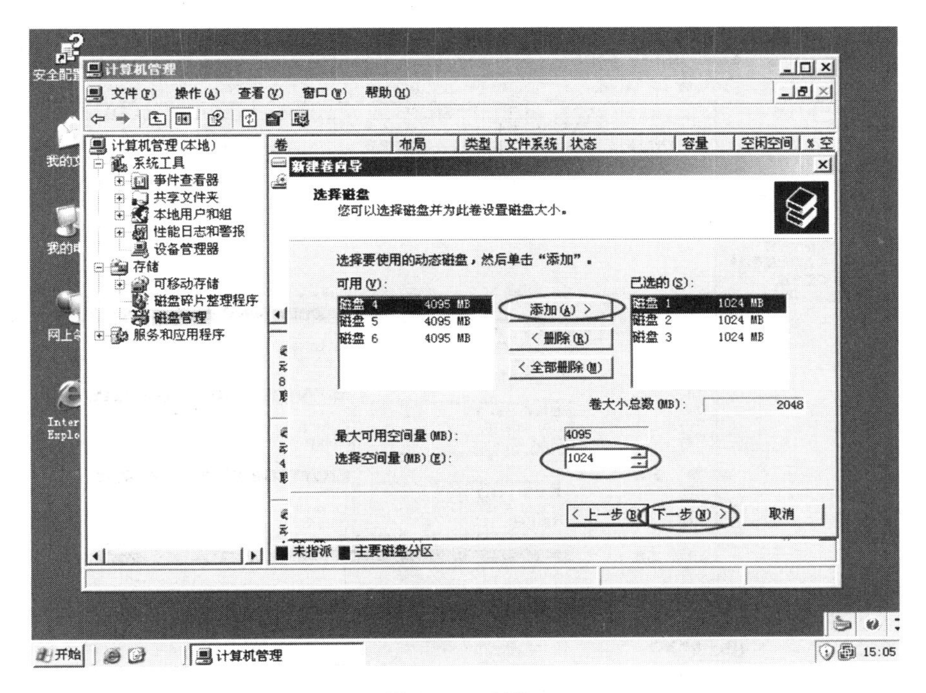

图 3-42　步骤 3

4）为新建卷设置驱动器号并进行格式化处理，建议使用 NTFS 文件系统，快速格式化。完成后的效果如图 3-43、图 3-44 所示，在磁盘管理中可以查看到 RAID 卷的容量、可用容量、容错性和开销。

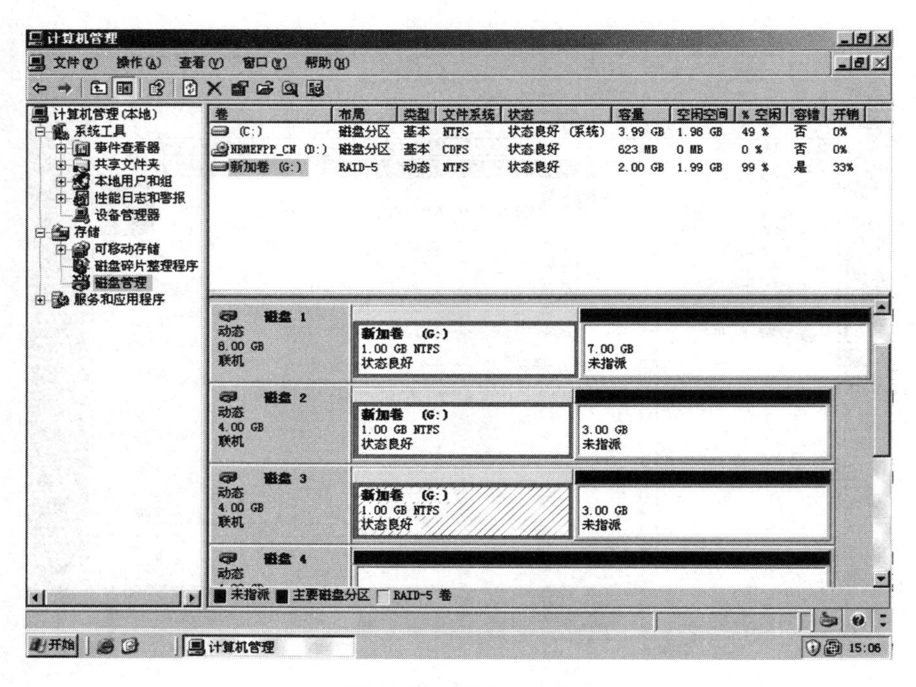

图 3-43　步骤 4（一）

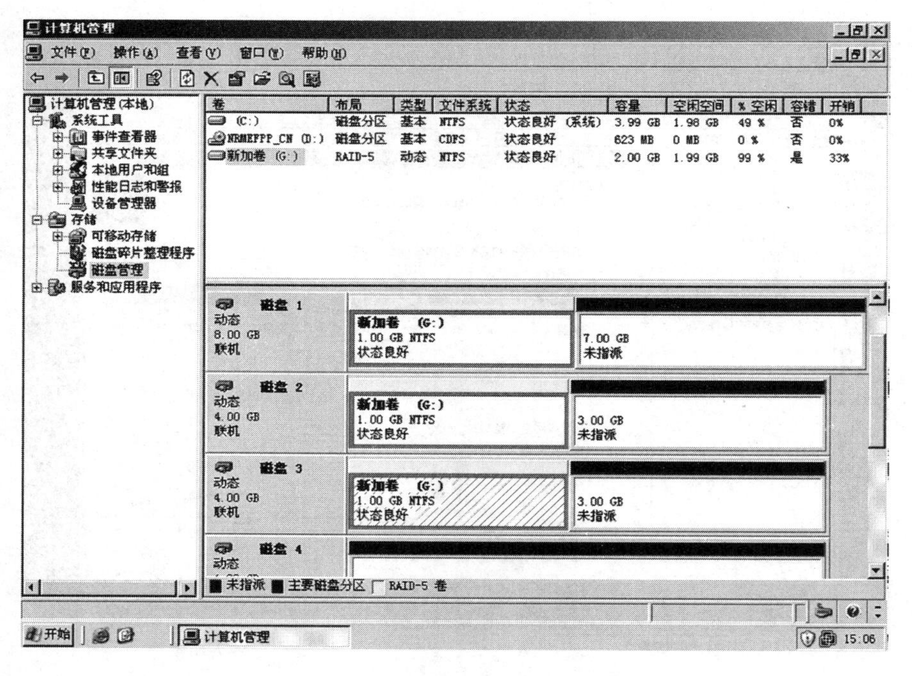

图 3-44　步骤 4（二）

注意：1）如果使用划分存储空间的办法，则必须保证服务器和存储设备的 IP 设置要正确，保证服务器能够访问存储设备。

2）RAID 5 初始化时间比较长，硬盘容量越大，时间越长，需耐心等待。

第4章　存储网络技术与应用

任务4.1　存储网络发展概述

任务目标

1）熟悉存储网络发展的背景。

2）掌握存储网络的基本形态。

1. 存储网络发展的背景

在存储网络出现之前，本地存储遇到的问题如下：

1）硬盘成为系统的性能瓶颈。

2）有限的硬盘槽位，难满足大容量需求。

3）单个硬盘存放数据，数据可靠性难以保证。

4）存储空间利用率低。

5）本地存储，数据分散，难以共享；可扩展性不够；总线结构，而非网络结构；可连接设备受到限制，增加容量时需要停机。

2. 存储网络形态

网络存储的几种常见形态如下：

1）DAS（Direct Attached Storage，直连式存储）。

2）NAS（Network Attached Storage，网络附属存储）。

3）SAN（Storage Area Network，存储域网络）。

任务4.2　存储网络系统技术

任务目标

1）熟悉存储系统的基本构成和各组件功能。

2）掌握SCSI协议，理解SCSI与存储系统的关系。

1. 存储系统的基本构成

当今的存储技术不是一个单独而孤立的技术，实际上，完整的存储系统应该是由一系列组件构成的。目前，人们就把存储系统分为了硬件架构部分、软件组件部分以及实际应用时的存储解决方案部分，如图4-1所示。

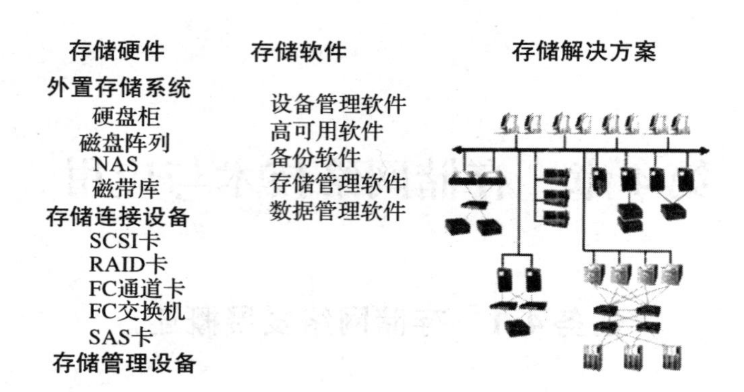

图 4-1　存储系统的基本构成

2. SCSI 协议与存储系统

(1) SCSI 协议的概念

SCSI（Small Computer System Interface，小型计算机系统接口）是一种为小型计算机研制的接口技术，用于主机与外部设备之间的连接，主机与磁盘通信的基本协议。

(2) SCSI 协议的工作原理

计算机中布满了总线——从一个位置向另一个位置传输信息和电力的高速通道，但是这种总线还不足以同时支持整台计算机和服务器以及其他许多设备。在这种情况下，就需要 SCSI 总线，SCSI 作为一种连接主机和外围设备的接口，支持包括磁盘驱动器、磁带机、光驱、扫描仪在内的许多设备，它由 SCSI 控制器进行数据操作，SCSI 控制器相当于一块小型 CPU，有自己的命令集和缓存。SCSI 协议的工作原理如图 4-2 所示。

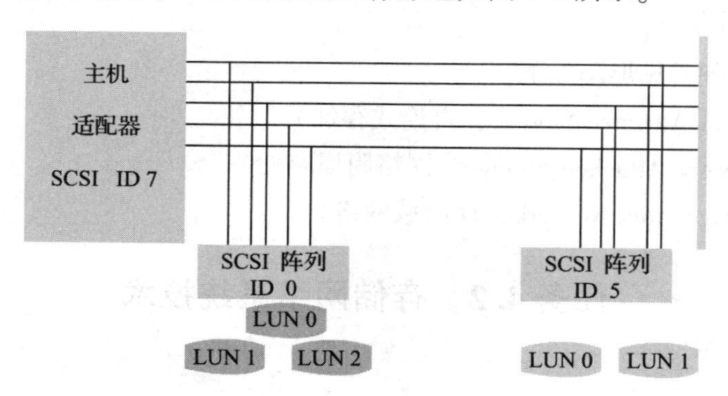

图 4-2　SCSI 协议的工作原理

举一个简单的实例，控制器的高速缓存作为源，将数据传输给目标磁盘。控制器首先向总线处理器发出请求使用总线的信号。该请求被接受之后，控制器高速缓存就开始执行发送操作。在这个过程中，控制器占用了总线，总线上所连接的其他设备都不能使用总线。当然，由于总线具备中断功能，总线处理器可以随时中断这一传输过程并将总线控制权交给其他设备，以便执行更高优先级的操作。

(3) SCSI 的控制器接口和电缆

SCSI 控制器在 SCSI 总线上的所有其他设备和计算机之间进行协调，SCSI 控制器也称为主机适配器，控制器既可以是插入可用插槽的卡，也可以内置在主板上，SCSI BIOS 也在控制器上，它是一个小型 ROM 或闪存芯片，包含访问和控制总线上的设备所需软件。SCSI 的控制器接口和电缆如图 4-3 所示。

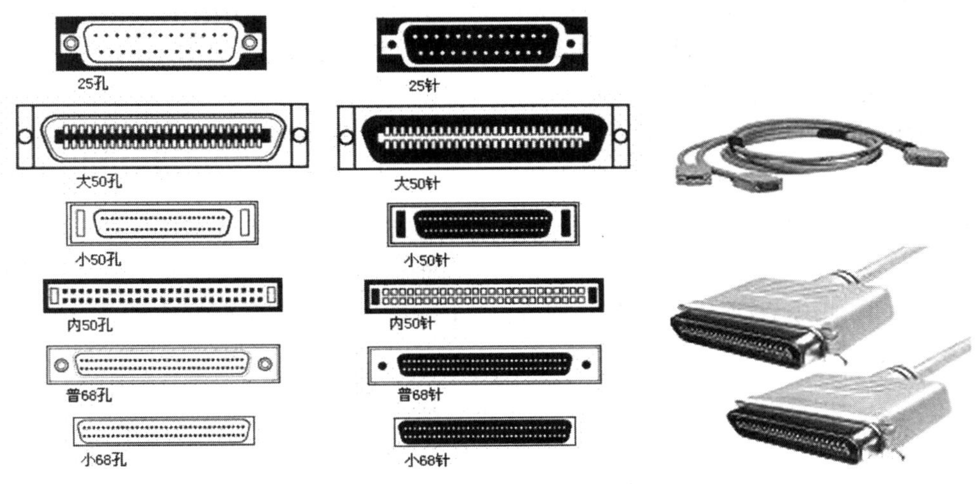

图 4-3　SCSI 的控制器接口和电缆

每个 SCSI 设备都必须具有唯一的标识符才能正常工作，例如：如果总线能够支持 16 个设备，通过硬件或软件设置指定的设备 ID 范围为 0 ~ 15，SCSI 控制器本身必须使用其中一个 ID，通常是最高的那一个，而将其他 ID 留给总线上的其他 15 个设备使用。

任务 4.3　FC-SAN 与 IP-SAN 技术

任务目标

1）熟悉存储网络的典型组网技术。

2）熟悉 FC-SAN 和 IP-SAN 的关键技术和基础知识。

1. FC-SAN 典型组网技术

FC-SAN 典型组网有直连、单交换和双交换 3 种方式，如图 4-4 所示。

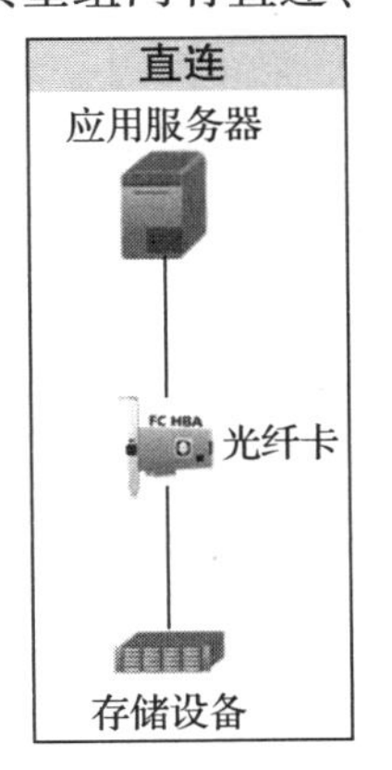

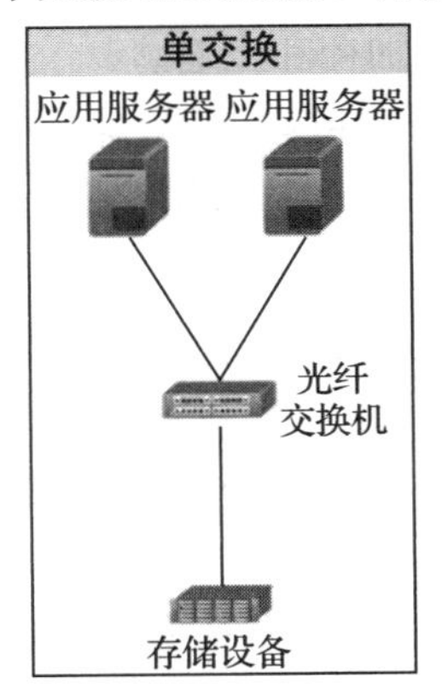

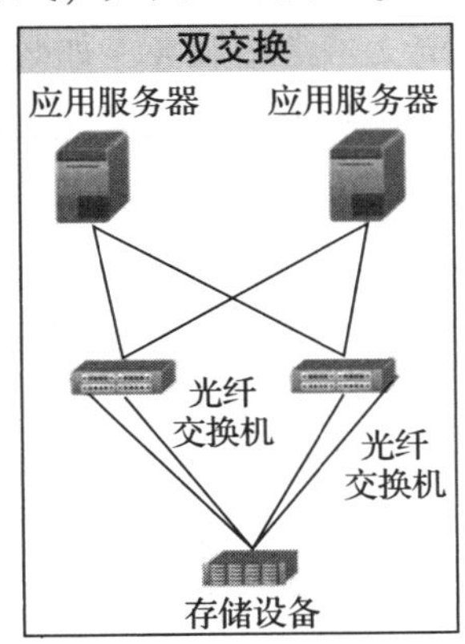

图 4-4　FC-SAN 典型组网

1）直连：主机与存储之间通过 HBA 卡连接，这种组网方式简单、经济，但较多的主机分享存储资源较困难。

2）单交换：主机与存储之间由一台光纤交换机连接，这种组网结构使多台主机能共同分享同一台存储设备，扩展性强，但光纤交换机存在间点故障。

3）双交换：同一台主机到存储阵列端可由多条路径连接，扩展性强，避免了在交换机形成单点故障。

2. FC-SAN 拓扑结构与应用

FC-SAN 主要有 3 种基于光纤的拓扑，用以描述各个节点的连接方式。光纤通道术语中的“节点”是指通过网络进行通信的任何实体，而不一定是一个硬件节点。这个节点通常是一个设备，比如说一个磁盘存储器，服务器上的一个主机总线适配器或者是一个光纤交换机。FC-SAN 拓扑结构与应用如图 4-5 所示。

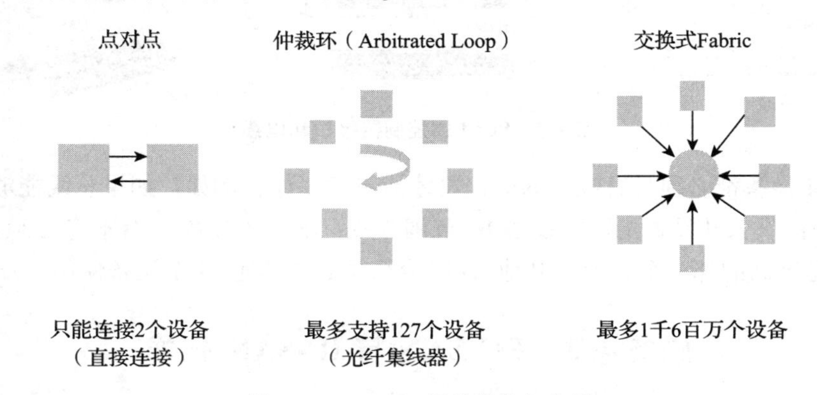

图 4-5　FC-SAN 拓扑结构与应用

FC 协议包括以下几层：

1）FC-0：物理层，定义了不同介质、传输距离、信号机制标准，也定义了光纤和铜线接口以及电缆指标。

2）FC-1：定义了编码和解码的标准。

3）FC-2：定义了帧、流控制和服务质量等。

4）FC-3：定义了常用服务，如数据加密和压缩。

5）FC-4：协议映射层，定义了光纤通道和上层之间的接口，上层应用比如串行 SCSI，HBA 的驱动提供了 FC-4 的接口函数。FC-4 支持多协议，如 FCP-SCSI、FC-IP、FC-VI。

FC 与 SCSI 协议的关系如下：

1）光纤通道并不是 SCSI 的替代，FC 可以通过构建帧来传输 SCSI 的指令、数据和状态信息单元。

2）SCSI 是位于光纤通道协议栈 FC-4 的上层协议，SCSI 是 FC 协议的子集。

3. IP-SAN 典型组网技术

IP-SAN 典型组网有直连、单交换和双交换 3 种方式，如图 4-6 所示。

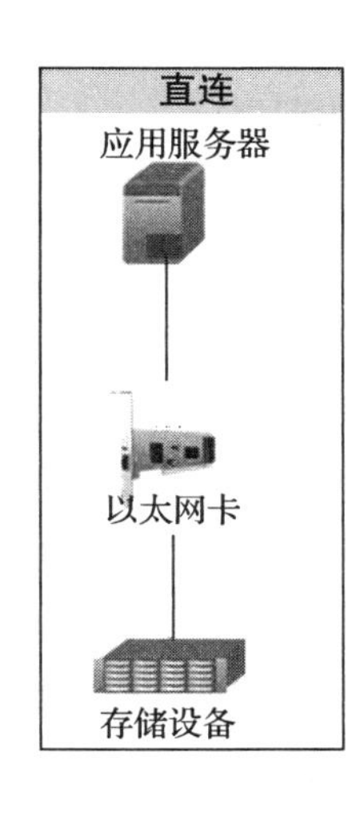

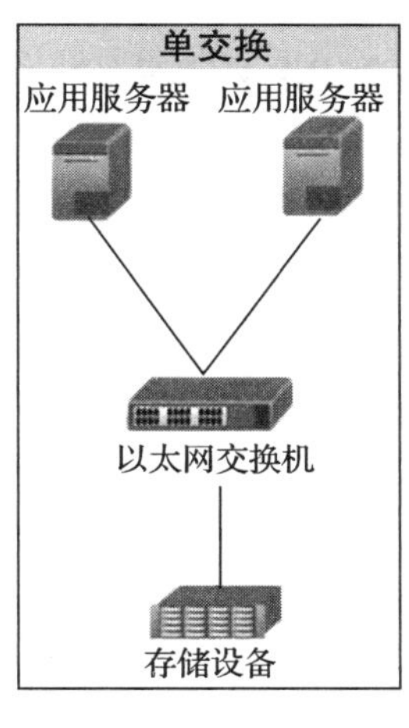

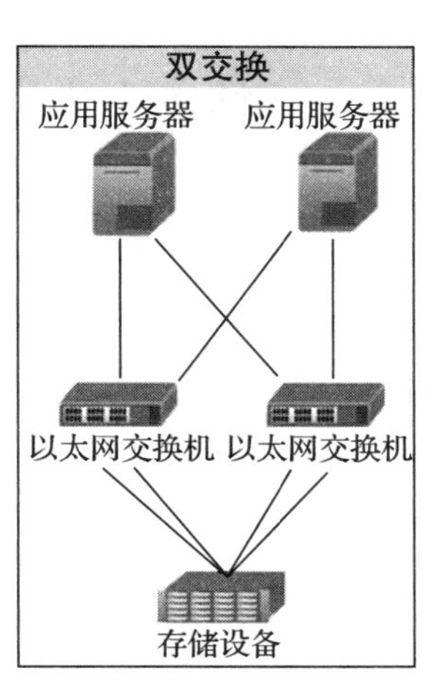

图 4-6　IP-SAN 典型组网

iSCSI 设备的主机接口一般默认都是 IP 接口，可以直接与以太网交换机和 iSCSI 交换机连接，形成一个存储区域网络。根据主机端 HBA 卡、网络交换机的不同，iSCSI 设备与主机之间有以下连接方式：

1）以太网卡 + Initiator 软件方式：采用通用以太网卡实现网络连接，主机 CPU 通过运行软件完成 iSCSI 层和 TCP/IP 协议的功能。由于采用标准网卡，因此这种方式的硬件成本最低。但主机的运行开销大大增加，造成主机系统性能下降。实验证明，当通信量增大时，主机 CPU 的利用率可达 90% 以上。

2）硬件 TOE 网卡 + Initiator 软件方式：采用特定的智能网卡，iSCSI 层的功能由主机来完成，而 TCP/IP 协议的功能由网卡来完成。与纯软件方式相比，降低了部分主机的运行开销。

3）iSCSI HBA 卡实现方式：iSCSI 层和 TCP/IP 协议的功能均由主机总线适配器来完成，对主机 CPU 的需求最少。

注意：主机与存储设备通过 SCSI 命令来进行控制交互，SCSI 承载了应用层相关操作的命令集。在 FC-SAN 中，主要通过 HBA 卡来对 FC 中传输的 SCSI 指令进行解/封；在 IP-SAN 中，SCSI 指令封装在 iSCSI 包中，在 TCP/IP 协议里，将 iSCSI 协议封装在 IP 包中在以太网中传输，通过以太网卡，iSCSI 协议分别对 IP 包、iSCSI 包进行解/封形成可识别、可执行的 SCSI 指令。

iSCSI（internet SCSI）把 SCSI 命令和现状数据封装在 TCP 中在 IP 网络中传输，基本出发点是利用成熟的 IP 网络技术来实现和延伸 SAN。通过 SCSI 控制卡的使用可以连接多个设备，形成自己的“网络”，但是这个“网络”仅局限于与所附加的主机进行通信，并不能在以太网上共享。那么，如果能够通过 SCSI 协议组成网络，并且能够直接挂载到以太网上，作为网络节点和其他设备进行互联共享，那么 SCSI 就可以得到更为广泛的应用。所以，经过对 SCSI 的改进，就推出了 iSCSI 这个协议。基于 iSCSI 协议的 IP-SAN 是把用户的请求转换成 SCSI 代码，并将数据封装进 IP 包内在以太网中进行传输。

任务 4.4　S2600 FC-SAN 组网实验

1. 实验目标

1）熟悉 S2600 FC-SAN 组网的原则和方法。

2）熟悉 S2600 FC-SAN 组网的设备和组件。

2. 实验时间

本实验要求 1h 内完成。

3. 实验环境搭建与组网

组网时用到的网络设备如图 4-7 所示。

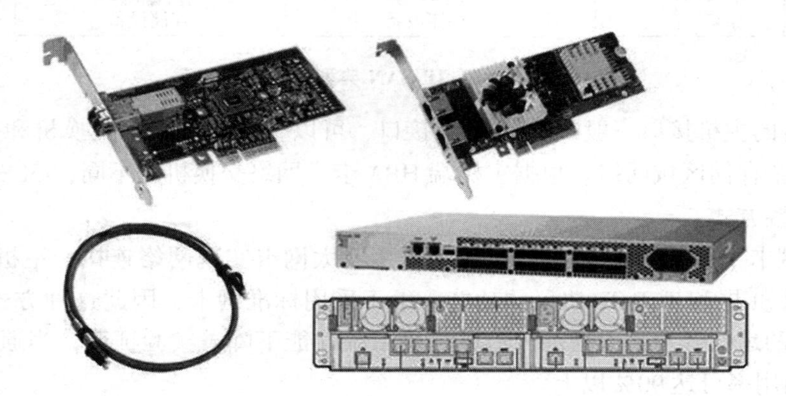

图 4-7　组网时用到的网络设备

4. 实验硬件与软件版本

硬件设备：S2600 3 台，光纤交换机 1 台，光纤 6 条。

软件版本：S2600V100R005。

工具：防静电手腕带。

5. 实验具体步骤

1）在 1 块单端口或双端口主机 HBA 卡情况下，进行直连组网，如图 4-8 所示。

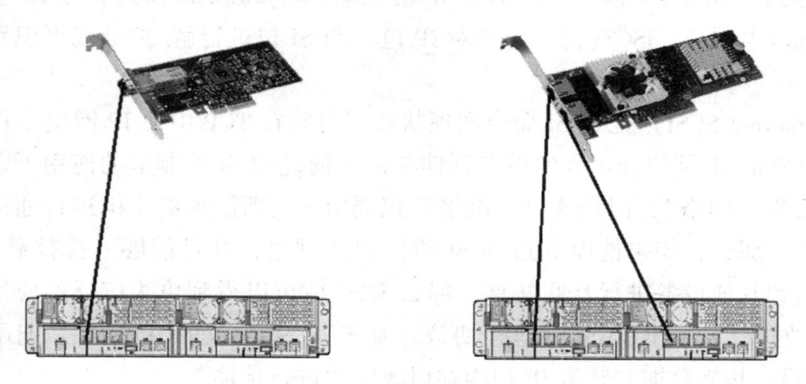

图 4-8　直连组网

2）在1块单端口主机 HBA 卡情况下，进行多路径组网，如图4-9所示。

3）在2块单端口或者1块双端口主机 HBA 卡情况下，进行多路径组网，如图4-10所示。

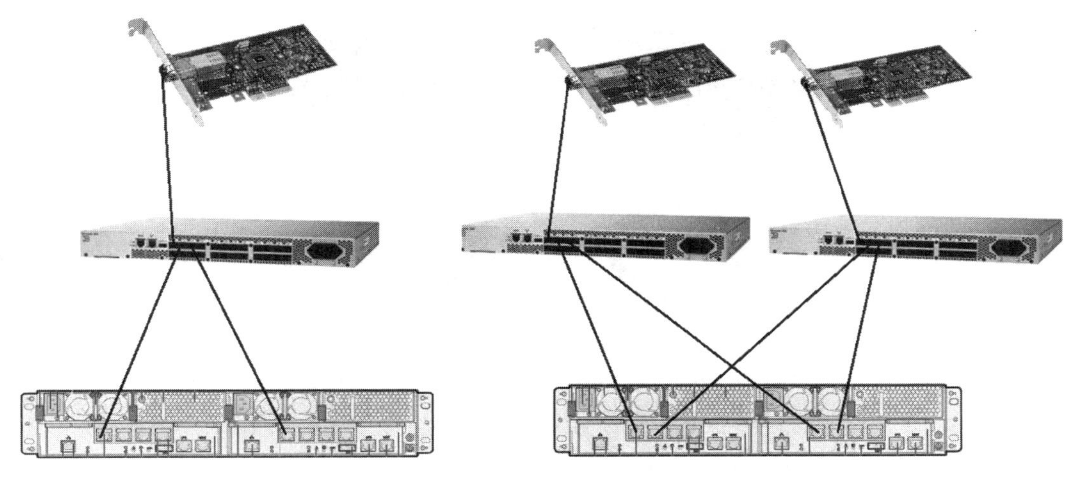

图4-9　单网口多路径组网　　图4-10　多网口多路径组网

4）在2块双端口主机 HBA 卡情况下，实现全冗余组网，如图4-11所示。

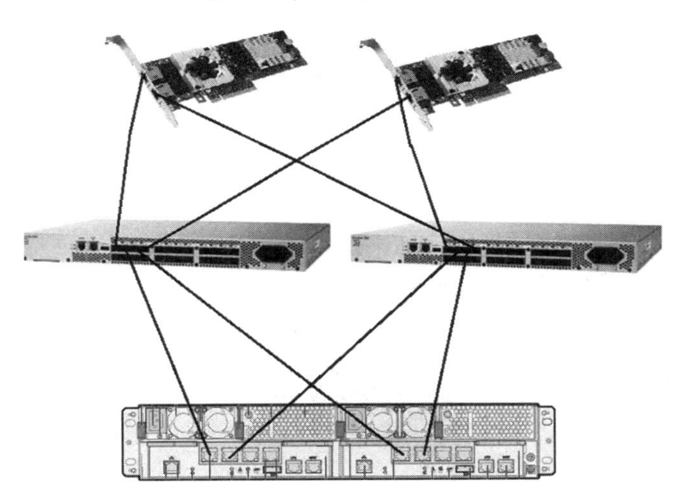

图4-11　全冗余组网

任务4.5　S2600 IP-SAN 组网实验

1．实验目标

1）熟悉 S2600 IP-SAN 组网的原则和方法。

2）熟悉 S2600 IP-SAN 组网的设备和组件。

2．实验时间

本实验要求1h内完成。

3. 实验环境搭建与组网

组网时用到的网络设备如图 4-12 所示。

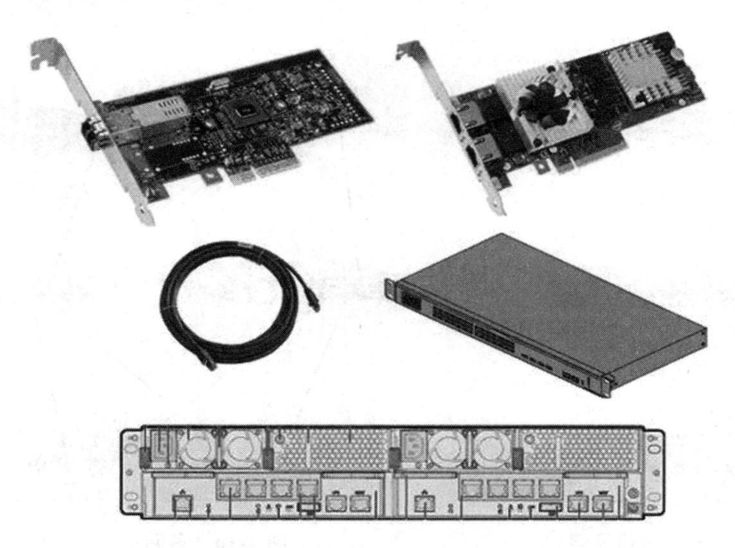

图 4-12 组网时用到的网络设备

4. 实验硬件与软件版本

硬件设备：S2600 3 台，以太网交换机 1 台，网线 6 条。

软件版本：S2600V100R005。

工具：防静电手腕带。

5. 实验具体步骤

1）单网口直连组网或者双网口直连组网，如图 4-13 所示。

2）单网口多路径组网，如图 4-14 所示。

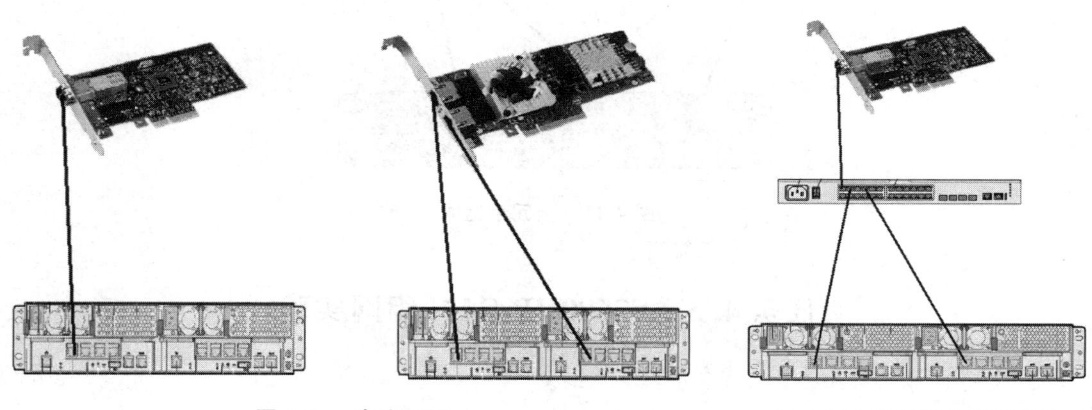

图 4-13 直连组网

图 4-14 单网口多路径组网

3）双网口多路径组网。在 1 台主机上使用 2 个网口连接存储阵列，如图 4-15 所示。

4）全冗余组网。1 台主机有 2 个双端口的网口，如图 4-16 所示。

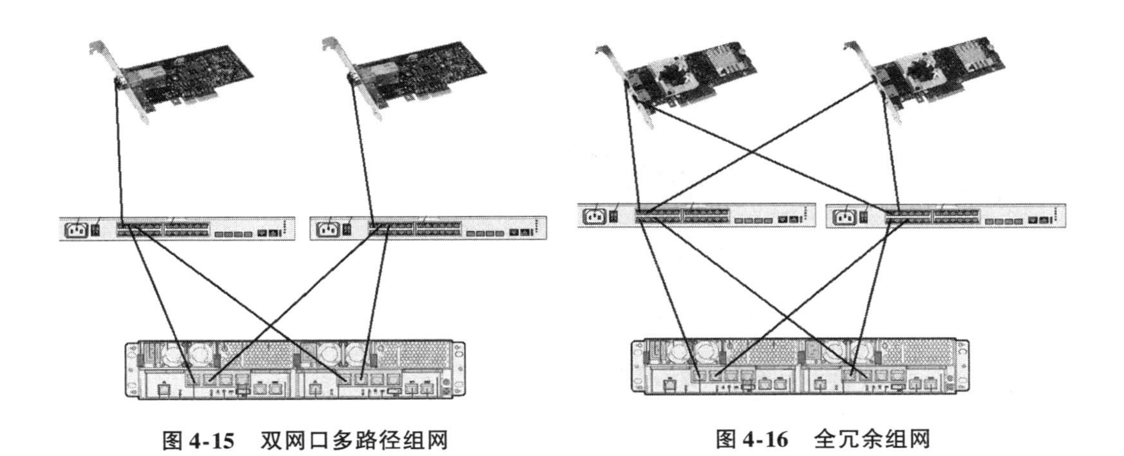

图 4-15　双网口多路径组网　　　　图 4-16　全冗余组网

任务 4.6　S5000 FC-SAN 组网实验

1. 实验目标

1）熟悉 S5000 FC-SAN 组网的原则和方法。

2）熟悉 S5000 FC-SAN 组网的设备和组件。

2. 实验时间

本实验要求 1h 内完成。

3. 实验环境搭建与组网

组网时用到的网络设备如图 4-17 所示。

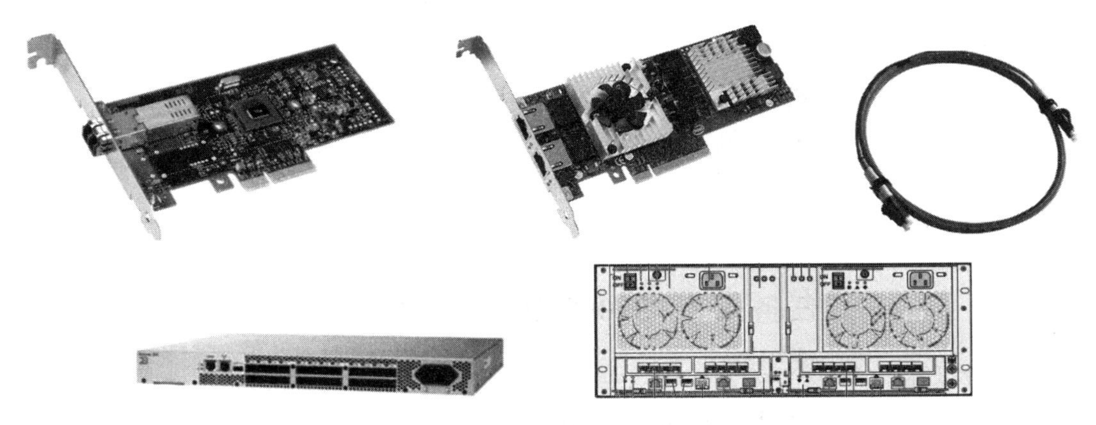

图 4-17　组网时用到的网络设备

4. 实验硬件与软件版本

硬件设备：S5000 3 台，光纤交换机 1 台，光纤 6 条。

软件版本：S5000V100R005。

工具：防静电手腕带。

5. 实验具体步骤

1）在 1 块单端口或双端口主机 HBA 卡情况下，进行直连组网，如图 4-18 所示。

2）在 1 块单端口主机 HBA 卡情况下，进行多路径组网，如图 4-19 所示。

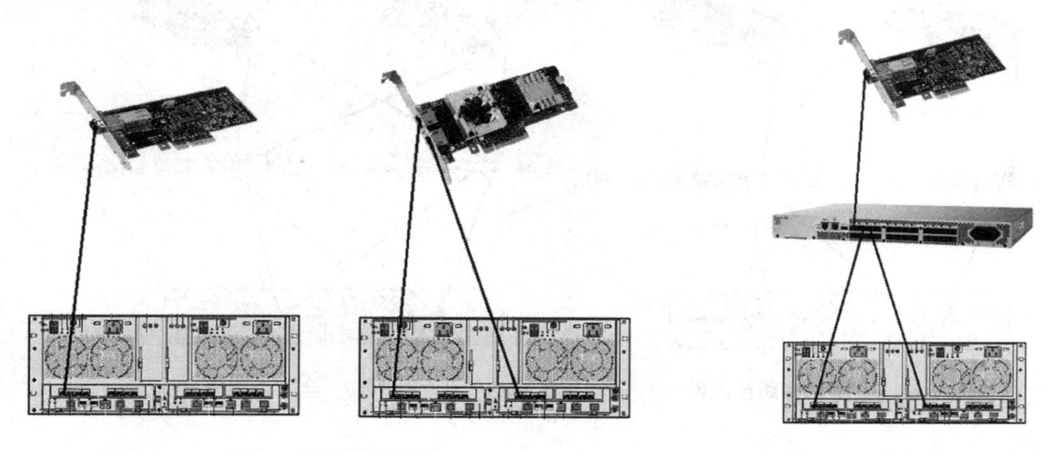

图 4-18　直连组网　　　图 4-19　单网口多路径组网

3）在 2 块单端口或者 1 块双端口主机 HBA 卡情况下，进行多路径组网，如图 4-20 所示。

4）在 2 块双端口主机 HBA 卡情况下实现全冗余组网，如图 4-21 所示。

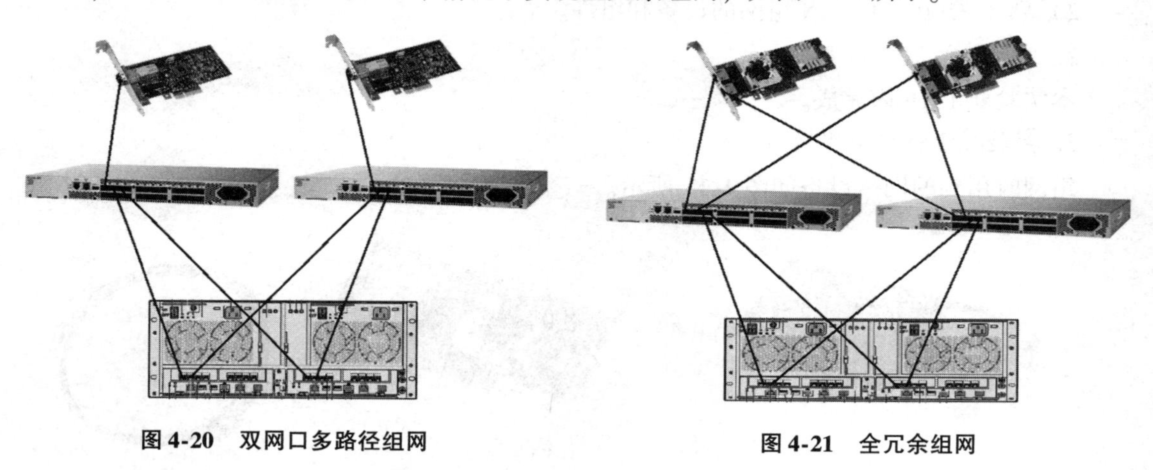

图 4-20　双网口多路径组网　　　图 4-21　全冗余组网

任务 4.7　S5000 IP-SAN 组网实验

1. 实验目标

1）熟悉 S5000 IP-SAN 组网的原则和方法。

2）熟悉 S5000 IP-SAN 组网的设备和组件。

2. 实验时间

本实验要求 1h 内完成。

3. 实验环境搭建与组网

组网时用到的网络设备如图 4-22 所示。

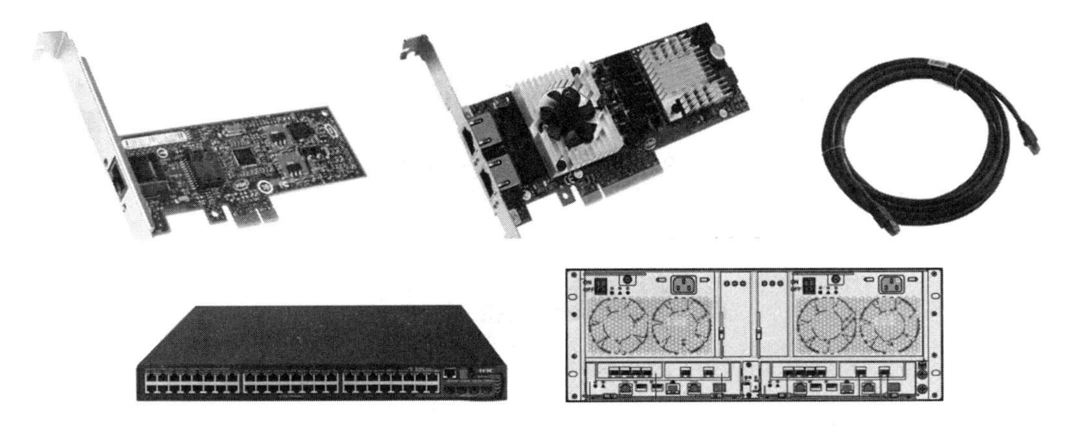

图 4-22　组网时用到的网络设备

4. 实验硬件与软件版本

硬件设备：S5000 3 台，以太网交换机 1 台，网线 6 条。

软件版本：S5000V100R005。

工具：防静电手腕带。

5. 实验具体步骤

1）单网口直连组网或者双网口直连组网，如图 4-23 所示。

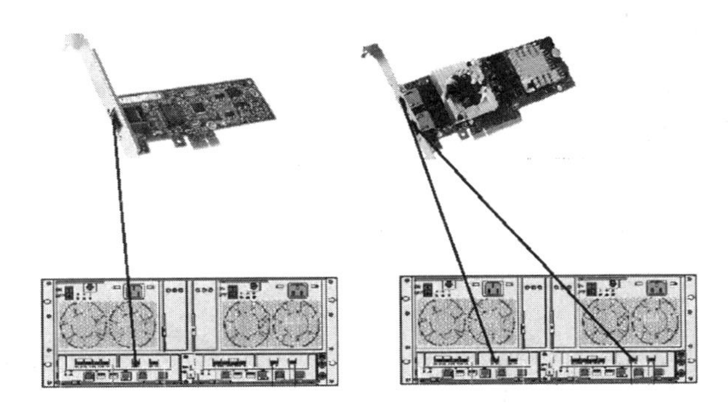

图 4-23　直连组网

2）单网口多路径组网，如图 4-24 所示。

3）双网口多路径组网。在 1 台主机使用 2 个网口连接存储阵列，如图 4-25 所示。

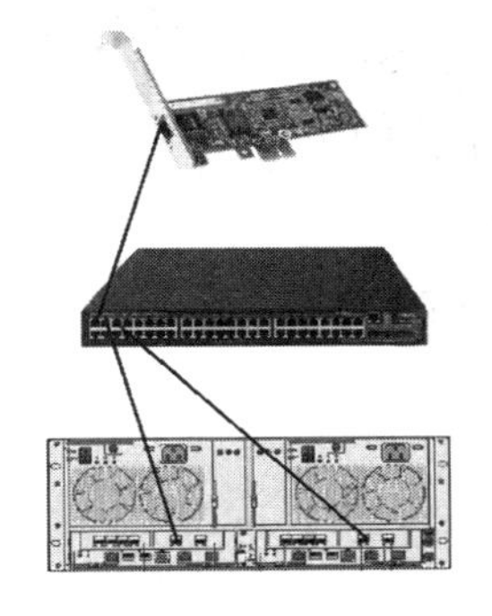

图 4-24　单网口多路径组网

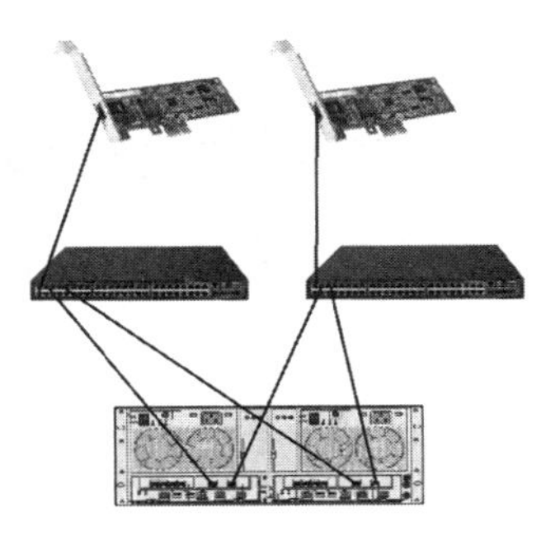

图 4-25　双网口多路径组网

4）全冗余组网。1 台主机有 2 个双端口的网口，如图 4-26 所示。

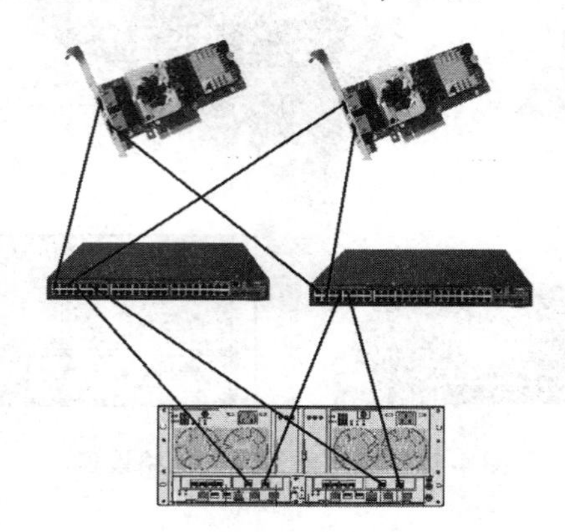

图 4-26　全冗余组网

任务 4.8　S5000T FC-SAN 组网实验

1. 实验目标

1）熟悉 S5000T FC-SAN 组网的原则和方法。

2）熟悉 S5000T FC-SAN 组网的设备和组件

2. 实验时间

本实验要求 1h 内完成。

3. 实验环境搭建与组网

组网时用到的网络设备如图 4-27 所示。

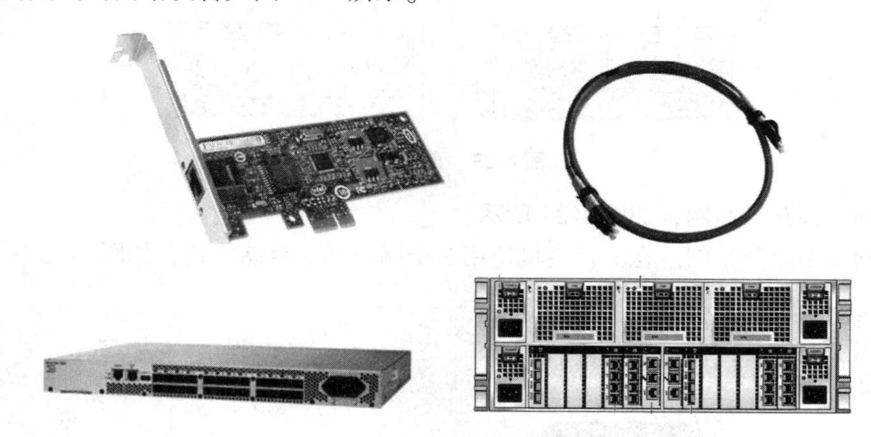

图 4-27　组网时用到的网络设备

4. 实验硬件与软件版本

设备名称：S5000T 1 台，光纤交换机。

5. 实验具体步骤

1）在1块单端口或双端口主机HBA卡情况下，进行直连组网，如图4-28所示。

2）在1块单端口或双端口主机HBA卡情况下，进行多路径组网，如图4-29所示。

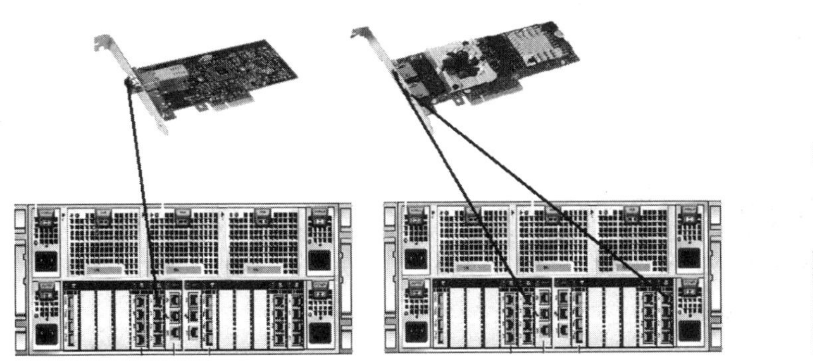

图4-28　直连组网

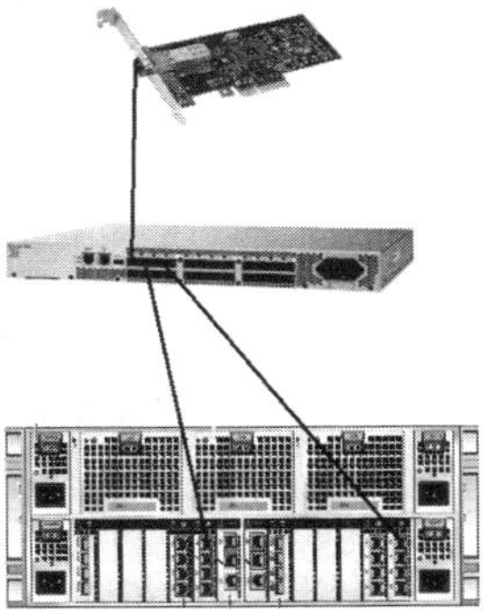

图4-29　单网口多路径组网

3）在2块单端口或者1块双端口主机HBA卡情况下，进行多路径组网，如图4-30所示。

4）在2块双端口主机HBA卡情况下，实现全冗余组网，如图4-31所示。

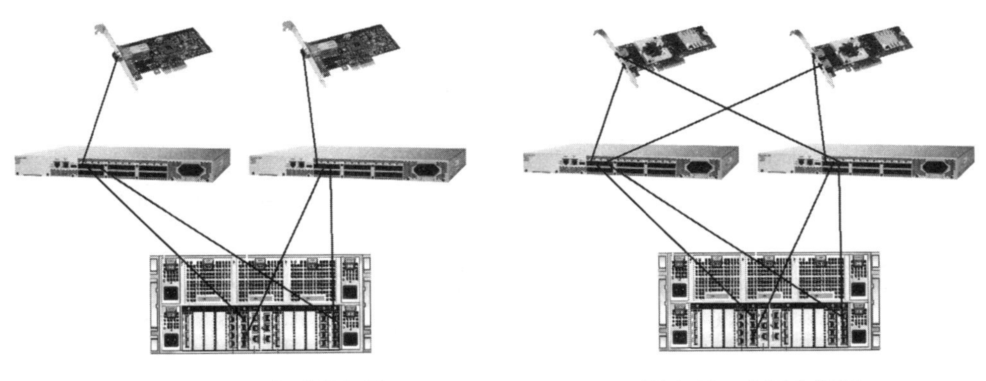

图4-30　双网口多路径组网

图4-31　全冗余组网

任务4.9　S5000T IP-SAN组网实验

1. 实验目标

1）熟悉S5000T IP-SAN组网的原则和方法。

2）熟悉S5000T IP-SAN组网的设备和组件。

2. 实验时间

本实验要求1h内完成。

3. 实验环境搭建与组网

组网时用到的网络设备如图4-32所示。

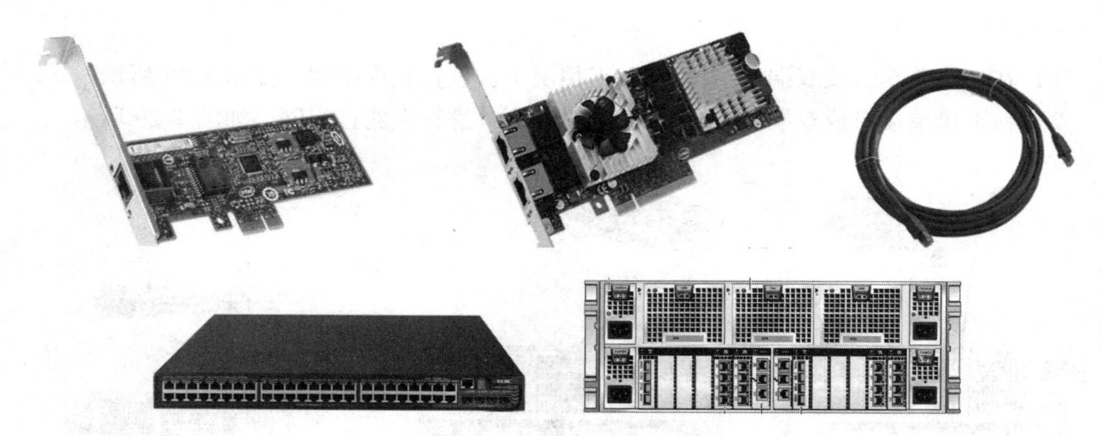

图 4-32　组网时用到的网络设备

4. 实验硬件与软件版本

设备名称：S5000T，以太网交换机，主机。

5. 实验具体步骤

1）单网口直连组网或者双网口直连组网，如图 4-33 所示。

2）单网口多路径组网，如图 4-34 所示。

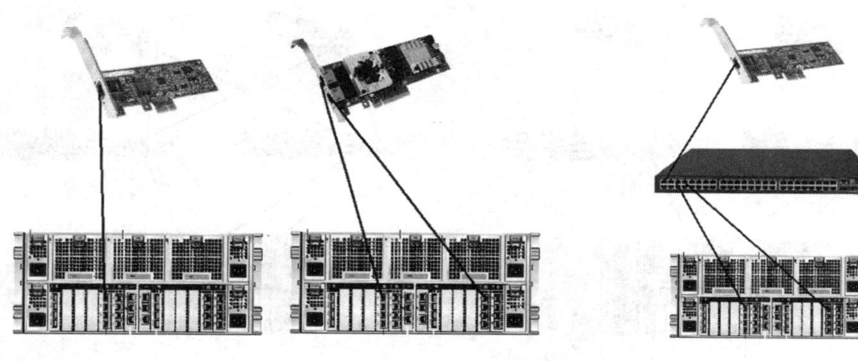

图 4-33　直连组网　　　　图 4-34　单网口多路径组网

3）双网口多路径组网。在 1 台主机使用 2 个网口连接存储阵列，如图 4-35 所示。

4）全冗余组网。1 台主机有 2 个双端口的网口，如图 4-36 所示。

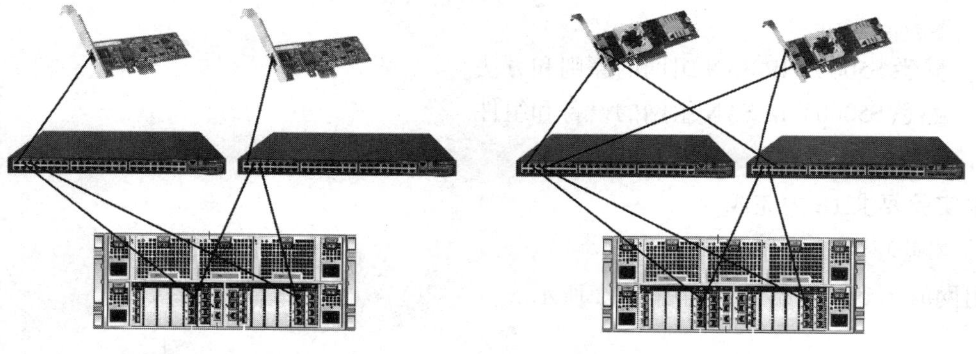

图 4-35　双网口多路径组网　　　　图 4-36　全冗余组网

第5章　存储系统管理与基本配置

任务5.1　ISM管理软件的使用

任务目标

1）熟练掌握ISM管理软件的应用。

2）熟练掌握存储阵列的配置流程。

3）熟练掌握存储阵列的具体配置步骤。

4）了解CLI登录与常用命令。

5）掌握存储系统与网络技术，具备典型存储网络规划与部署的技术能力。

1. ISM软件概述

ISM是一种集成存储管理平台，ISM基于SMI-S协议，可以管理多套设备，并且已经实现同时支持管理多种设备类型，具有以下特点：

1）友好的界面以及详细的系统提示信息。

2）采用JWS（Java Web Start）方式部署，可方便自动安装运行。

3）提供用户鉴权，保证系统安全性。

2. ISM设备管理套件功能描述

1）多种设备集中管理：对华为的SAN、NAS虚拟化等存储设备实现集中管理。

2）设备自动发现：自动发现网络中的存储设备，无须用户逐一添加设备。

3）统一的故障管理：网络中存储设备出现的任何故障，都可以实时通知到管理软件，并可以通过短信、Email发送给管理员。

4）存储业务管理：对存储空间的分配、拷贝、快照、镜像，提供向导功能，指导管理员轻松完成业务配置。

5）性能管理：监控和显示系统的性能指标，识别系统的瓶颈，最多可监控一个月的系统数据。

6）权限管理：根据管理员级别，提供不同的操作权限。

7）集成到大型网管：支持对主流大型网管系统的对接，可以与华为2000系列网管Symantec、CCS、HP OpenView、IBM TSM等网管进行集成。

8）安全管理：使用SSL、CHAP Secret、MD 5加密以保障系统的安全。

任务5.2　ISM安装与SAN存储管理实验

1. 实验目标

1）熟练地掌握ISM软件的安装。

2）熟练地掌握在 ISM 的登录和设备发现。

3）熟悉 ISM 软件的界面，掌握 SAN 存储设备的配置和基本管理。

2. 实验时间

本实验要求 30min 内完成。

3. 实验环境搭建与组网

本实验组网如图 5-1 所示。维护终端需要配置一个 IP 地址，该 IP 地址与 S2600 的管理网口在同一网段上。

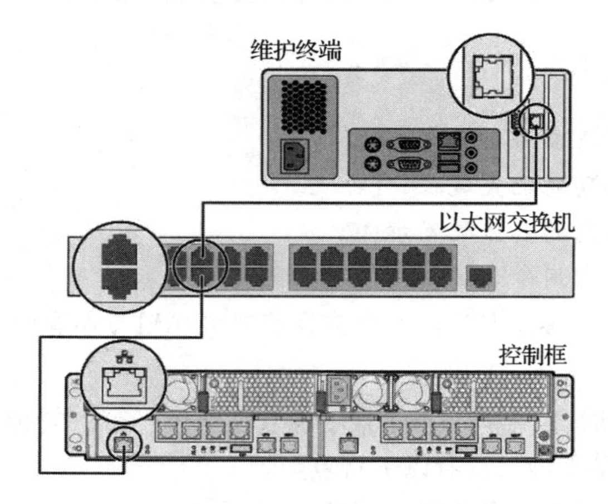

图 5-1　ISM 安装与 SAN 存储管理组网及硬件结构

4. 实验硬件与软件版本

硬件设备：S2600 1 台，交换机 1 台，网线若干。

软件版本：S2600V100R005。

维护终端支持以下操作系统：Windows XP/2003。

资源要求：内存大于或等于 1GB，硬盘空间大于 40GB。

5. 实验具体步骤

本实验的基本前提是 S2600 已经正确地完成了硬件的安装，上电无异常，维护终端能连通阵列的 A 控或 B 控的管理网口。

（1）安装 ISM 软件

1）打开维护终端的浏览器，在浏览器中直接输入阵列的管理网口 IP 地址，如图 5-2 所示（默认的 IP 地址 A 控 192. 168. 128. 101 ，B 控 192. 168. 128. 102）。

图 5-2　输入阵列的管理网口 IP 地址

2）如果维护终端没有安装 JRE，则单击“安装 WindowsJRE 1.6.0_20”，根据提示默认安装。安装完后，再单击“请加载 OceanStor ISM”，根据提示默认安装，如图 5-3 所示。

图 5-3　安装 JRE

注意：请先加载 ISM，如果最后安装不成功，则 JRE 不兼容，需要安装或者将旧版本卸载后再安装 ISM 配套的 JRE。

3）安装完成后，桌面会出现 ISM 图标，如图 5-4 所示。

（2）登录 ISM 和发现设备

1）双击桌面上的 ISM 图标，弹出“语言选择”对话框，选择所需要的系统语言，然后单击“确定”按钮，如图 5-5 所示。

图 5-4　ISM 图标

图 5-5　语言选择

2）进入 ISM 登录欢迎界面，如图 5-6 所示，直接单击“关闭”按钮即可。

3）选择菜单栏中的“系统”→“发现设备”命令，如图 5-7 所示。打开“发现设备”对话框，如图 5-8 所示。输入登录阵列的用户名和密码，选择发现方式为“指定 IP 地址（指定设备管理网口 IP 地址进行发现）”，输入管理终端所在的控制器的管理口 IP 地址。单击“确定”按钮，即可完成设备的发现。

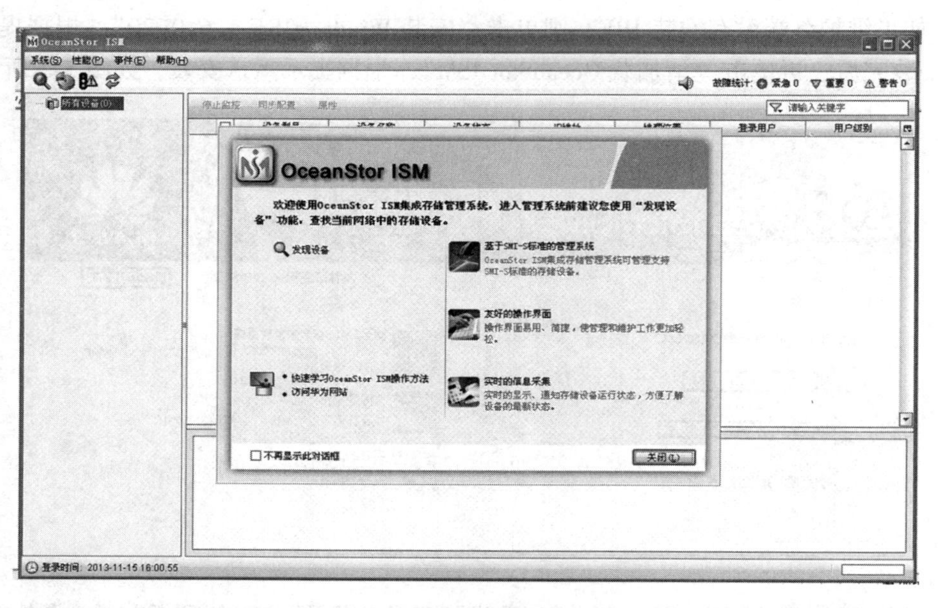

图 5-6　欢迎界面

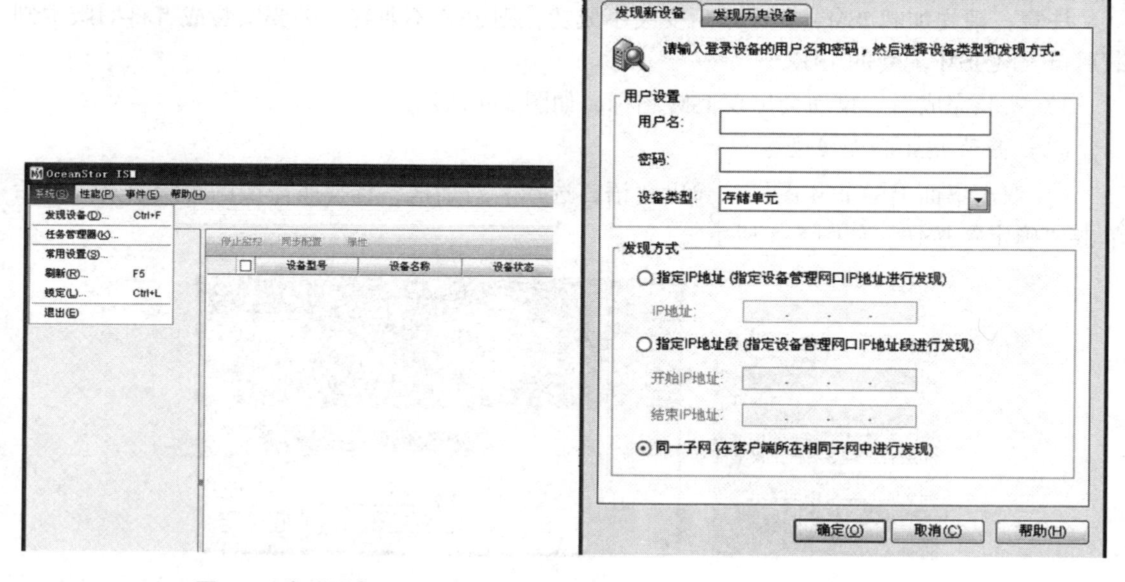

图 5-7　发现设备　　　　　图 5-8　发现设备对话框

思考题：是否还记得登录阵列管理网口默认用户名和密码?

(3) 熟悉 ISM 界面的各功能模块

1) 分别熟悉 ISM 界面的导航栏、工具栏、菜单栏、告警栏、状态栏和操作区，如图5-9所示。

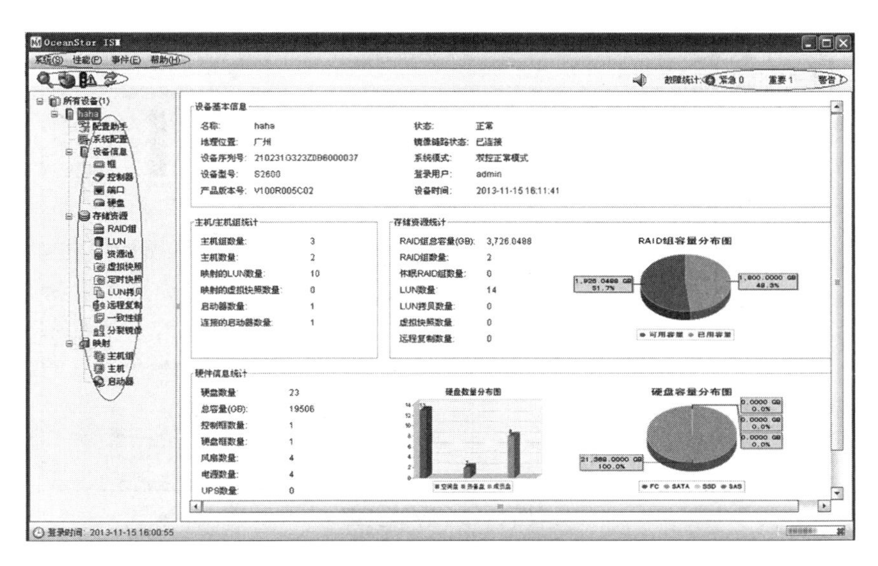

图5-9　ISM界面

2）分别单击左侧导航栏下的“配置助手”“系统配置”“存储资源”“映射”等项下的条目，查看操作区的显示内容，如图5-10～图5-13所示。

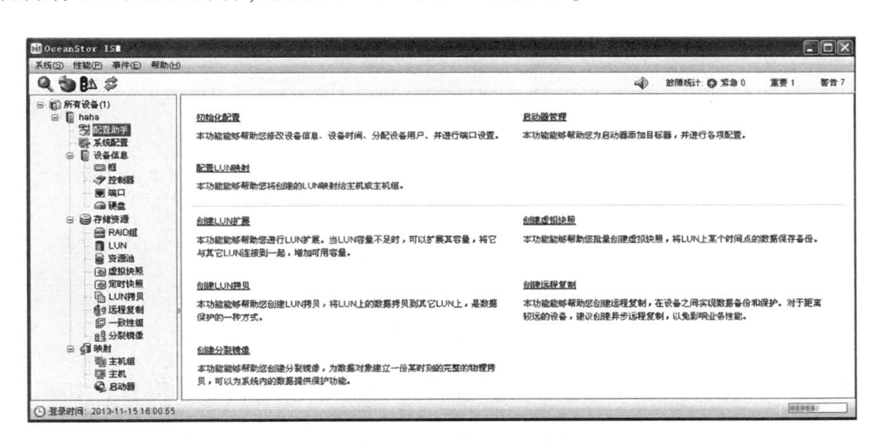

图5-10　配置助手

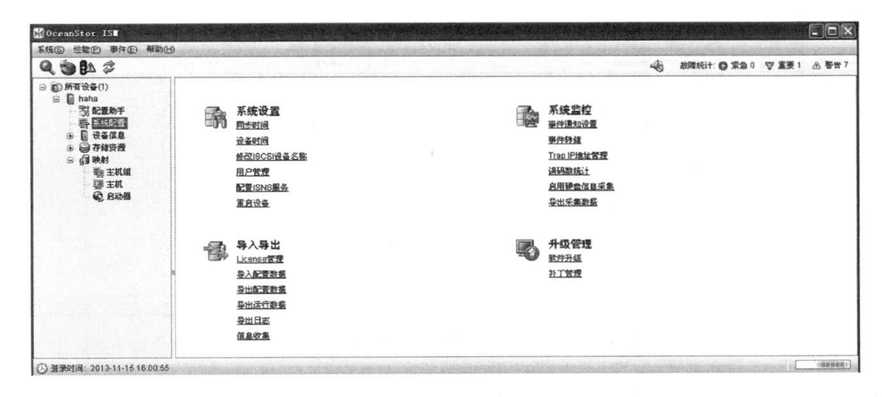

图5-11　系统配置

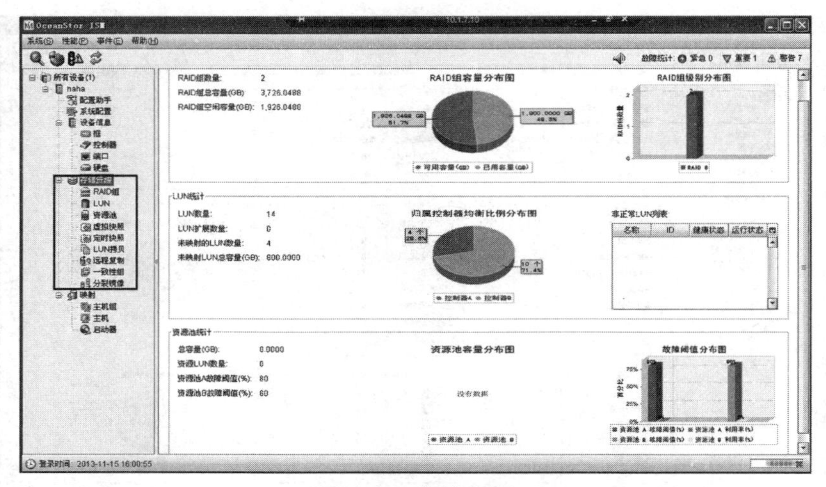

图 5-12　存储资源

图 5-13　映射

3）分别单击告警统计栏和性能模块，查看告警信息和性能统计信息，如图 5-14 所示。

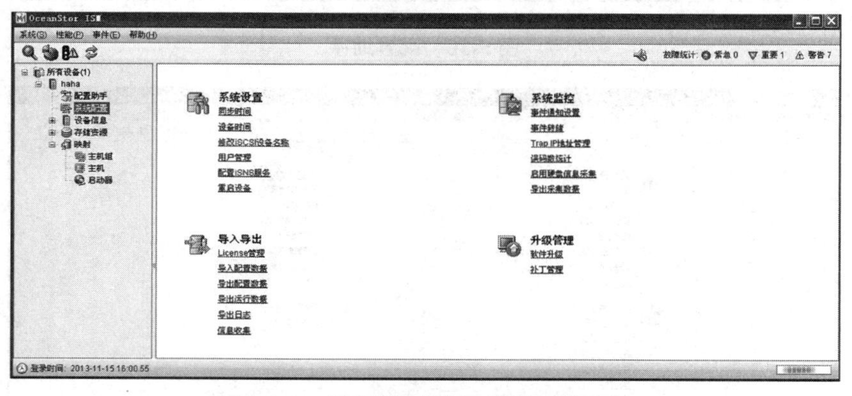

图 5-14　查看告警信息和性能统计信息

思考题：有关 RAID 组的信息在导航树中哪个位置可以查看？

任务 5.3　SAN 存储产品初始化配置实验

1. 实验目标

熟练掌握 SAN 存储产品的初始化配置。

2. 实验时间

本实验要求 30min 内完成。

3. 实验环境搭建与组网

SAN 存储产品初始化配置组网及硬件结构如图 5-15 所示。

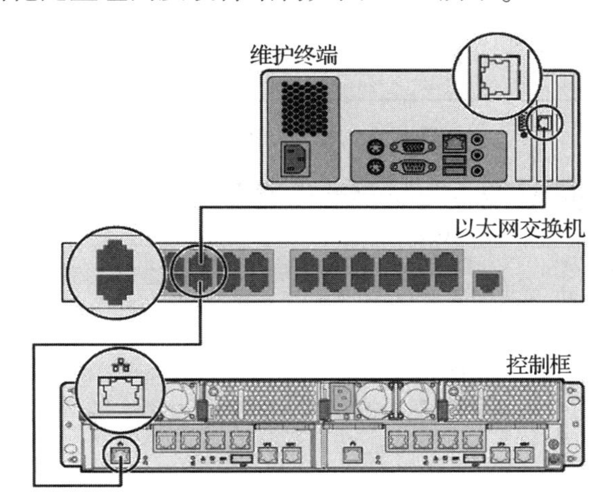

图 5-15　SAN 存储产品初始化配置组网及硬件结构

4. 实验硬件与软件版本

硬件设备：S2600，S5000，S5000T，PC 服务器，交换机，网线和电源线。

软件版本：S2600/S5000V100R005，S5000TV100R001。

维护终端支持以下操作系统：Windows XP/2003。

资源要求：内存大于或等于 1GB，硬盘空间大于 40GB。

5. 实验具体步骤

本实验主要是完成存储阵列的初始化配置。初始化配置采用向导的方式，完成的是阵列的一些基本信息的配置，这些配置也可以在主界面的各功能模块中完成。

1）在 OceanStor ISM 主界面中，单击导航栏中的“配置助手”项，然后在右边的信息展示区中单击“初始化配置”，打开“初始化配置向导”对话框，如图 5-16 所示。

2）单击“下一步”按钮，进入“修改设备信息”界面，可以对设备名称进行修改，对地理位置进行说明，如图 5-17 所示。

3）单击“下一步”按钮，进入“修改设备时间”界面，可以修改系统当前的时钟信息，如图 5-18 所示。

4）单击“下一步”按钮，进入“修改用户密码”界面，可以修改默认用户密码，如图 5-19 所示。

注意：修改的密码不能有除数字和字母之外的特殊字符：

初始化配置向导 步骤 6-1：欢迎
欢迎使用初始化配置向导
此向导将帮助您完成:
修改设备信息
修改设备时间
修改用户密码
修改FC端口
修改iSCSI端口
要继续，单击“下一步”。
上一步(P)
下一步(N)
取消(C)
帮助(H)

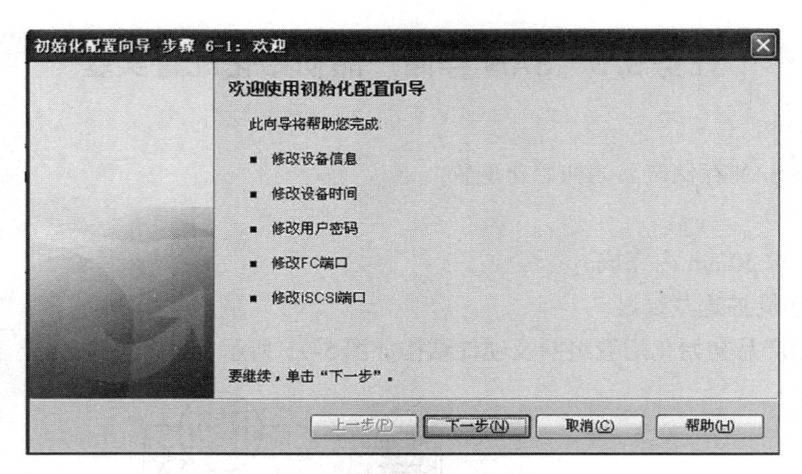

图 5-16　初始化配置向导

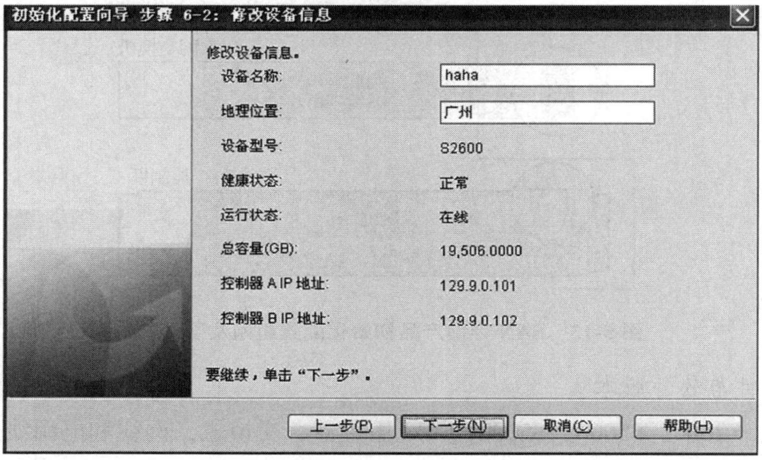

初始化配置向导 步骤 6-2：修改设备信息
修改设备信息。
设备名称:
haha
地理位置:
广州
设备型号:
S2600
健康状态:
正常
运行状态:
在线
总容量(GB):
19,506.0000
控制器 A IP 地址:
129.9.0.101
控制器 B IP 地址:
129.9.0.102
要继续，单击“下一步”。
上一步(P)
下一步(N)
取消(C)
帮助(H)

图 5-17　修改设备信息

初始化配置向导 步骤 6-3：修改设备时间
修改设备时间。
日期
十一月
2013
日 一 二 三 四 五 六
时间
16:18:57
要继续，单击“下一步”。
上一步(P)
下一步(N)
取消(C)
帮助(H)

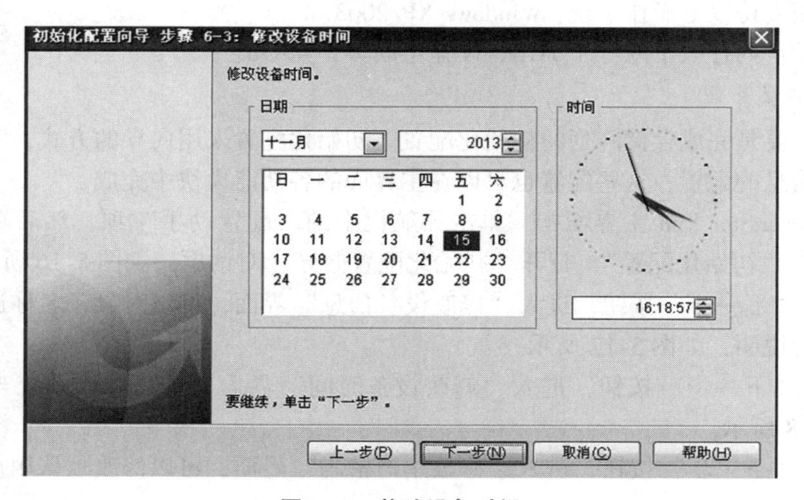

图 5-18　修改设备时间

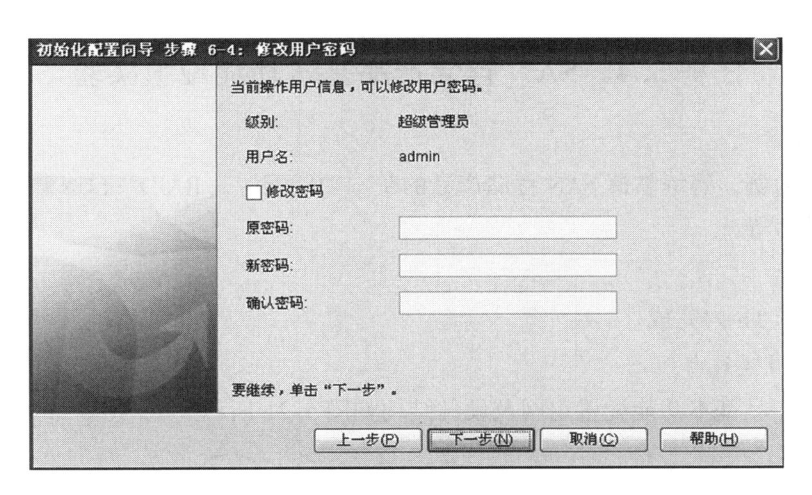

图 5-19　修改用户密码

5）单击“下一步”按钮，进入“修改 FC 端口”界面。选中需修改端口速率的 FC 主机端口前的单选按钮，再单击“修改”按钮，弹出“修改 FC 端口信息”对话框，在“速率”列表中选择合适的速率，选择合适的端口模式，单击“确定”按钮。

6）单击“下一步”按钮，进入“修改 iSCSI 端口”界面，如图 5-20 所示。选中需修改 IP 地址的 iSCSI 主机端口前的单选按钮，再单击“修改”按钮，弹出“修改 IP 地址”对话框，在“IP 地址”“子网掩码”文本框中分别输入 iSCSI 主机端口 IP 地址和子网掩码，单击“确定”按钮。若弹出的“信息”对话框提示“操作成功”，则再次单击“确定”按钮即可。

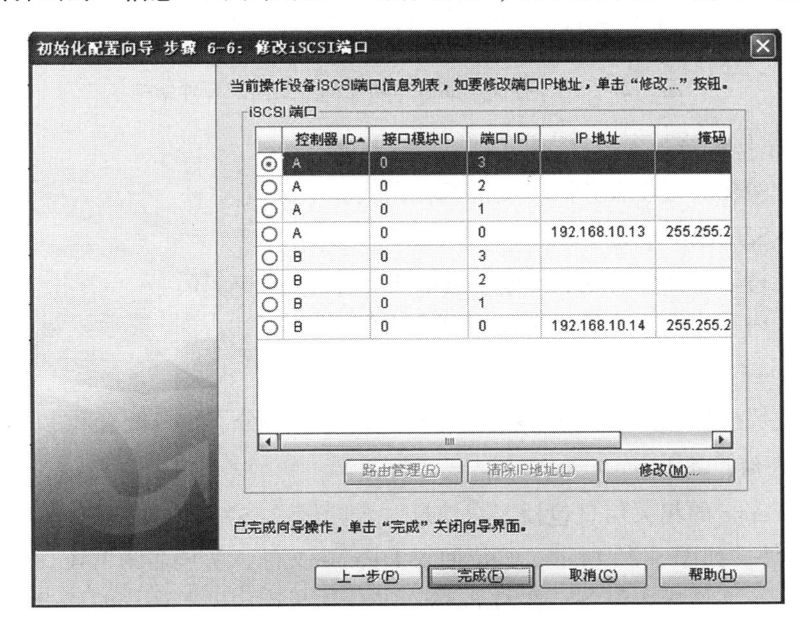

图 5-20　修改 iSCSI 端口

注意：在给 iSCSI 主机端口添加路由信息时，不能添加默认路由，只能添加目标指定网段的路由信息。

任务 5.4　SAN 存储产品基本功能配置实验

1. 实验目标

以 S2600 为例，熟练掌握 SAN 存储产品的基本功能配置（RAID、LUN、主机组、主机、映射、添加端口等）。

2. 实验时间

本实验要求 1h 内完成。

3. 实验环境搭建与组网

SAN 存储产品基本功能配置组网及硬件结构如图 5-21 所示。

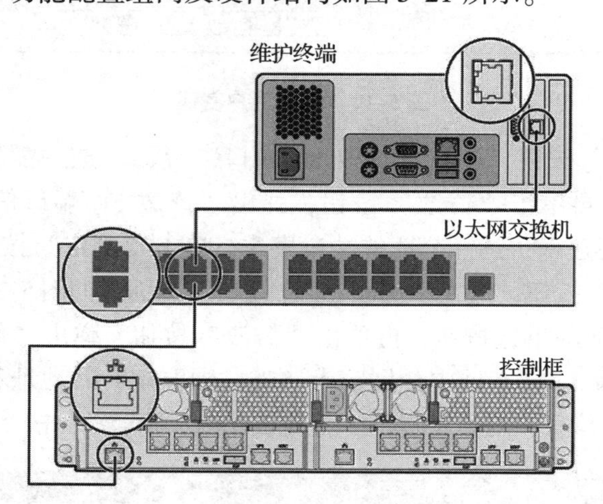

图 5-21　SAN 存储产品基本功能配置组网及硬件结构

4. 实验硬件与软件版本

硬件设备：S2600，PC 服务器，交换机，网线和电源线。

软件版本：S2600V100R005。

维护终端支持以下操作系统：SUSE Linux Enterprise Server10。

资源要求：内存为大于或等于 1GB，硬盘空间大于 40GB。

5. 实验具体步骤

本实验的主要操作包括 SAN 存储产品最核心的空间划分、主机配置和 License 导入。

（1）SAN 存储产品 License 导入

1）手机 License 的相关信息包括客户信息、合同号、ESN 和 LAC 码。

2）发送邮件，如图 5-22 所示，等待回复 License 文件，扩展名为 LAC。

3）将 License 文件导入设备。在 OceanStor ISM 主界面中，单击导航栏中的“系统配置”项，在右侧操作栏中单击“License 管理”，打开“License 管理”对话框，单击“导入”按钮，将邮件中回复的 License 文件导入，如图 5-23 所示。

注意：License 申请也可以查阅产品手册。

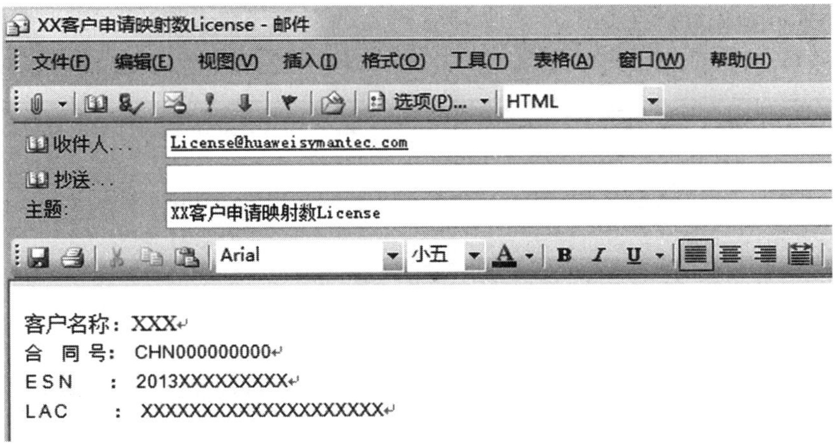

XX客户申请映射数License - 邮件
文件(F) 编辑(E) 视图(V) 插入(I) 格式(O) 工具(T) 表格(A) 窗口(W) 帮助(H)
选项(P)...
HTML
收件人...
License@huaweisymantec.com
抄送...
主题:
XX客户申请映射数License
Arial
小五
客户名称：XXX
合 同 号：CHN000000000
ESN　：2013XXXXXXXXX
LAC　：XXXXXXXXXXXXXXXXXXXX

图 5-22　发送邮件

License管理
设备名称:
haha
License信息
创建时间: 2011-07-29 17:24:36
License信息列表
产品版本: V100R005
软件序列号: 210231G323Z0B6000037
License文件的格式版本: 1.2.031
License特性信息
特性名称: 虚拟快照
运行截至日期: 永久
特性名称: LUN拷贝
运行截至日期: 永久
导入(I)
关闭(L)
帮助(H)

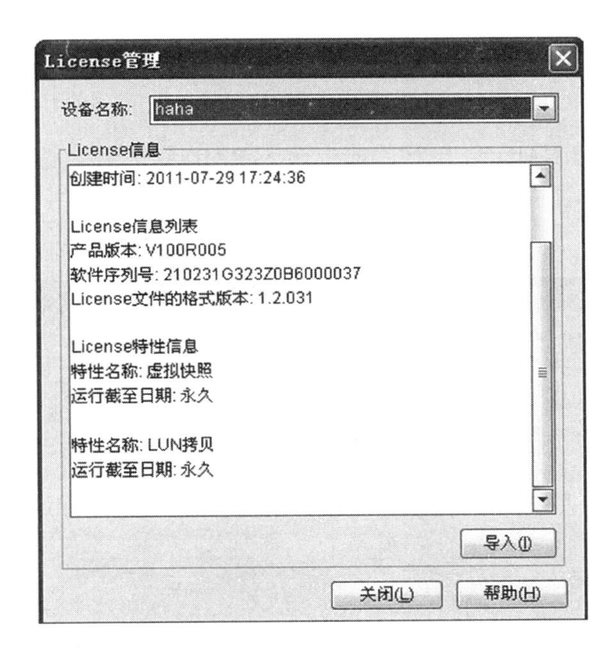

图 5-23　导入文件

（2）创建 RAID 组

注意：① 控制框 0 ~ 3 号槽位硬盘为系统保险箱盘，用于保存系统的重要数据。请勿随意拔插保险箱硬盘或调整保险箱硬盘的顺序，否则可能破坏系统数据。

② 请勿随意拔插其他槽位硬盘，否则可能导致数据丢失。

③ 保险箱盘的类型必须保持一致。

④ 控制框 0 号和 1 号必须有一个硬盘在位，2 号和 3 号槽位必须有一个硬盘在位。

⑤ S5000T 产品（除了 S5500T）没有保险箱盘，保险箱的功能由内置的 SSD 代替，S5500T 仍然保留有保险箱盘。

1）登录 ISM 管理界面，查看设备状态是否正常。

2）在 ISM 界面左侧的导航栏中单击“存储资源”项下的“RAID 组”，再单击右侧操作区中的“创建”按钮，如图 5-24 所示。

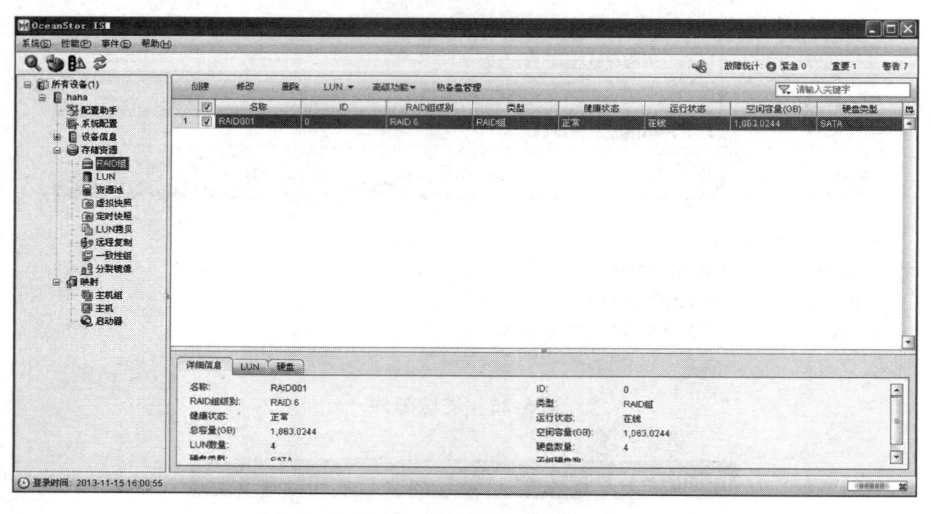

图 5-24　创建 RAID 组

3）在弹出的“创建 RAID 组”对话框中输入 RAID 组名称，选择“RAID 组级别”及“硬盘类型”，选中“手动”单选按钮，再选择需要创建为 RAID 组的硬盘，如图 5-25 ~ 图 5-27 所示。

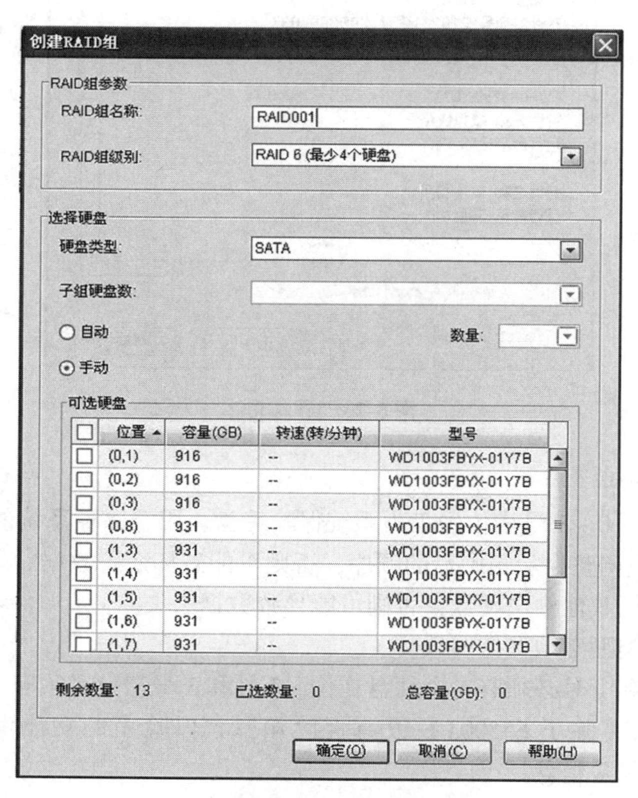

图 5-25　RAID 组名称

图 5-26　RAID 组级别

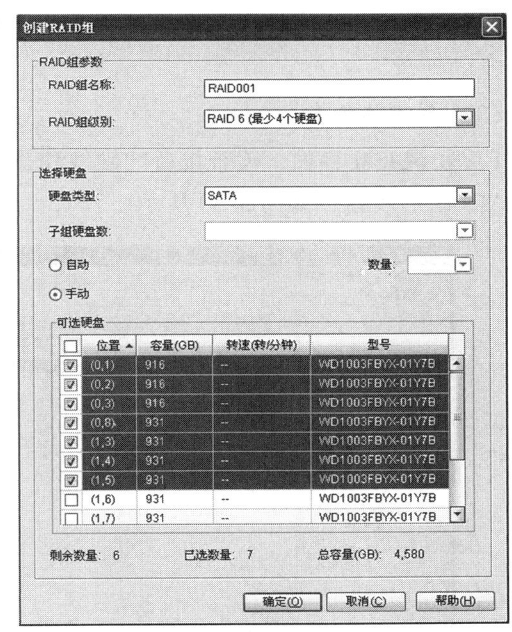

图 5-27　硬盘类型

注意：如果是给 SATA 盘创建 RAID 组，建议做成 RAID 6；对于 SAS/FC 或者 SSD 建议做成 RAID 5，每个 RAID 组建议 7～12 块硬盘。

思考题：子组硬盘数表示的是每个 RAID 组中多少块硬盘作镜像，哪些 RAID 级别需要配置子组硬盘数？这个参数对容量有什么影响？

4）单击“确定”按钮，出现如图 5-28 所示提示，这表示还没有配置热备盘、热备盘没有剩余、热备盘配置失败或者热备盘故障。如果配置正确，则出现如图 5-29 所示提示。

图 5-28　提示信息

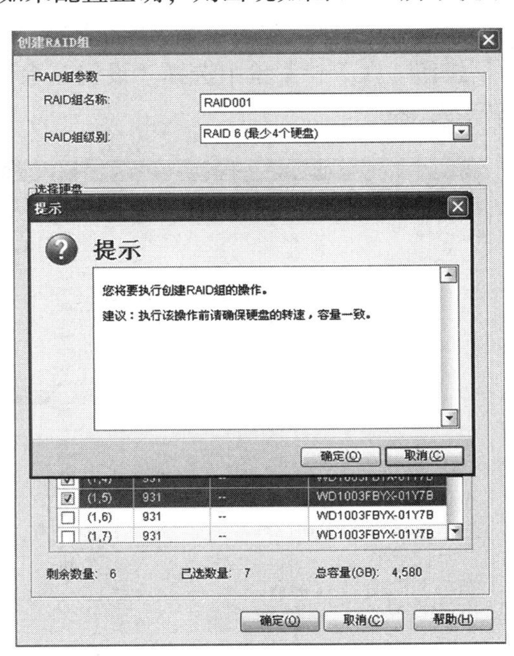

图 5-29　提示警告

注意： 配置 RAID 组时，同一个 RAID 组中的硬盘必须是相同接口类型、相同转速、相同容量的硬盘。

（3）创建热备盘

1）登录 ISM 界面，检查设备的硬件和逻辑状态是否正常，并且确保还有空闲的未被创为 RAID 组的硬盘，如图 5-30 所示。

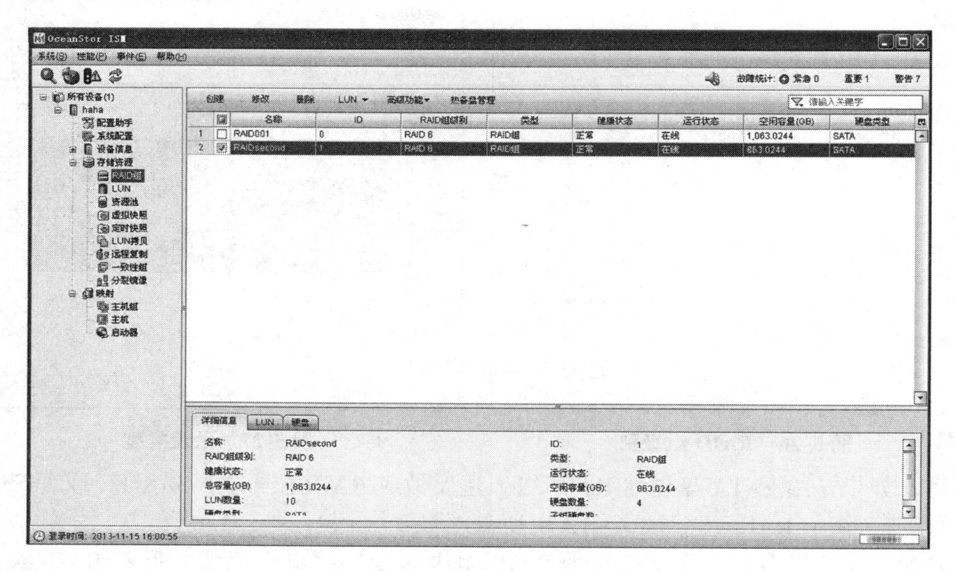

图 5-30　RAID 组

2）在左侧导航栏中单击“设备信息”项下的“硬盘”项，在操作区的“逻辑类型”栏里查看是否还有空闲盘。

3）确定好需要配置为热备盘的空闲盘后，选中该空闲盘，然后单击操作区上面的“热备盘”按钮，在下拉菜单中选择“设置”命令，如图 5-31 所示。设置成功后会出现如图 5-32 所示提示框。

图 5-31　设置热备盘

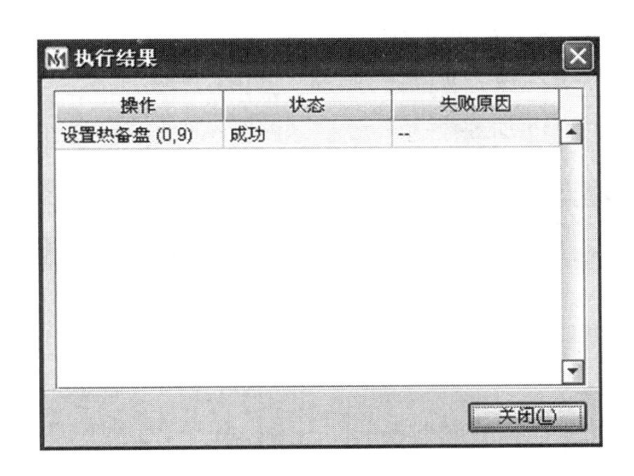

图 5-32　执行结果

4）再次单击“设备信息”项下的“硬盘”项，查看操作区的硬盘信息，确认热备盘已经配置成功。

注意：热备盘为全局热备盘，热备盘必须与 RAID 组成员盘的接口类型、转速、容量相同。

思考题：ISM 界面下是否还有其他方法可以创建热备盘？热备盘有哪几种状态？

（4）创建 LUN

1）登录 ISM 界面，检查设备硬件和逻辑状态是否正常，并确保要创建 LUN 的 RAID 组的状态正常和容量充足。

2）在 ISM 左侧导航栏中单击“存储资源”项下的“LUN”项，在右侧操作区中单击“创建”按钮，如图 5-33 所示。

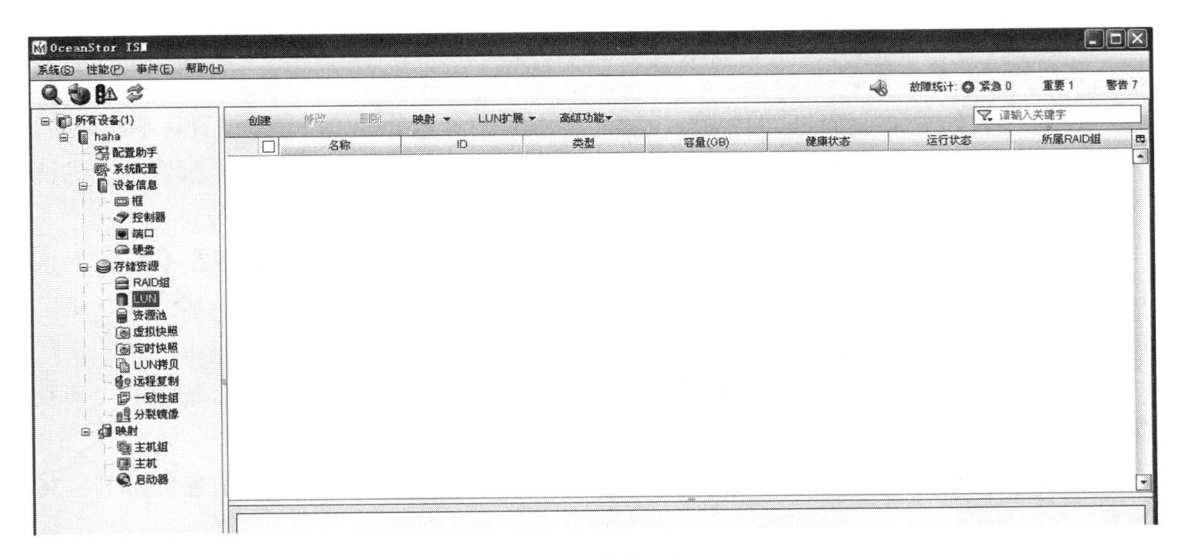

图 5-33　创建 LUN

3）在弹出的“创建 LUN”对话框中，选择“RAID 组名称”，输入 LUN 的名称及要创建的 LUN 的容量，选择分条深度及归属控制器，如图 5-34 所示。单击“高级”按钮，设置预取策略和写策略，如图 5-35 所示。

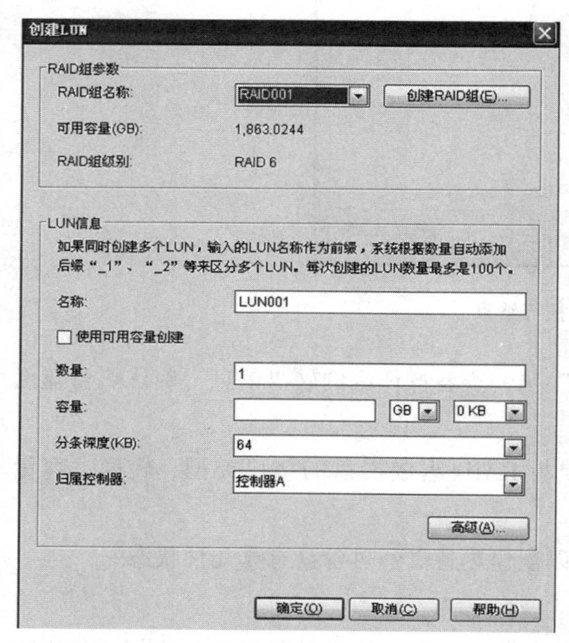

图 5-34　RAID 组名称

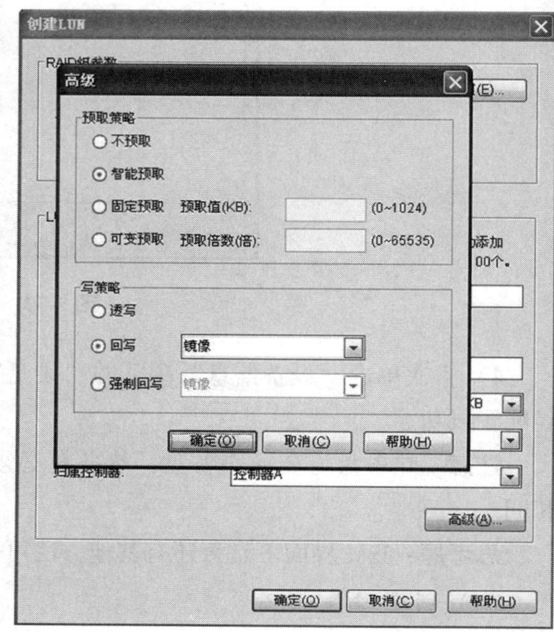

图 5-35　设置预取策略和写策略

注意：① 如果选中对话框中的“使用可用容量创建”复选框，那么该 LUN 的容量就是整个 RAID 组剩余的可用容量。

② 对话框中的“数量”表示的是批量创建 LUN 的数量。批量创建的 LUN 除了名称不同，其他的参数都一样。

③ LUN 的分条深度对性能的影响，需要根据具体业务来分析，该参数设置后不能修改，可以参考 S2600 的产品文档，在顺序读写较多的情况下，推荐 64KB；在随机读写较多的情况下，推荐 32KB。

④ 归属控制器表示该 LUN 的业务归属控制器，并不表示从对端控制器不能访问该 LUN，但是在 IO 读写时，建议该 LUN 读写的路径和其归属控制器一致，同一个 RAID 组里的 LUN 建议归属同一个控制器。

⑤ 有关 cache 预取策略和 cache 写策略的含义可以参考产品文档。在具体配置时，预取策略推荐为“智能预取”。写策略为“回写镜像”。

4）确认配置正确后，单击“确定”按钮完成配置。创建成功会有提示信息，如图 5-36 所示。

5）在 ISM 界面中单击左侧导航栏中“存储资源”项下的“LUN”项，查看新创建的 LUN 的状态，确认配置正确，如图 5-37 所示。

图 5-36　执行结果

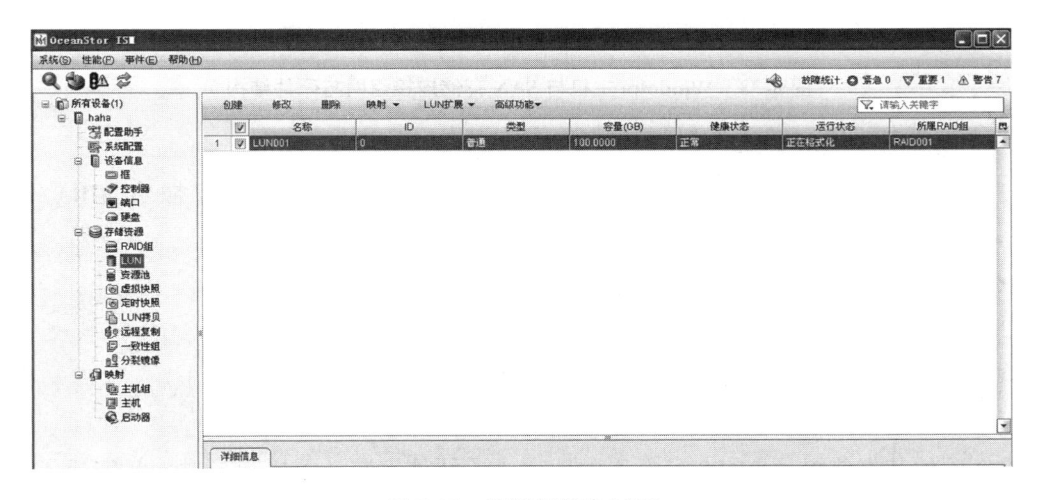

图 5-37　查看新创建 LUN

注意：新创建的 LUN 有一个格式化的过程，该过程在后台进行，正在格式化的 LUN 不影响 LUN 的正常使用。格式化结束后，运行状态会显示在线。

任务 5.5　Windows 主机与 SAN 存储连接实验

1. 实验目标

1）熟练掌握 Windows 环境下的 FC SAN 的配置。

2）熟练掌握 Windows 环境下的 IP SAN 的配置。

3）熟练掌握 Windows 主机的硬盘管理。

2. 实验时间

本实验要求 2h 内完成。

3. 实验环境搭建与组网

本实验组网如图 5-38 所示，维护终端需要配置两个 IP 地址，一个 IP 地址与 S2600 的管理口地址在同一网段上，一个 IP 地址与 iSCSI 业务口在一个网段上。

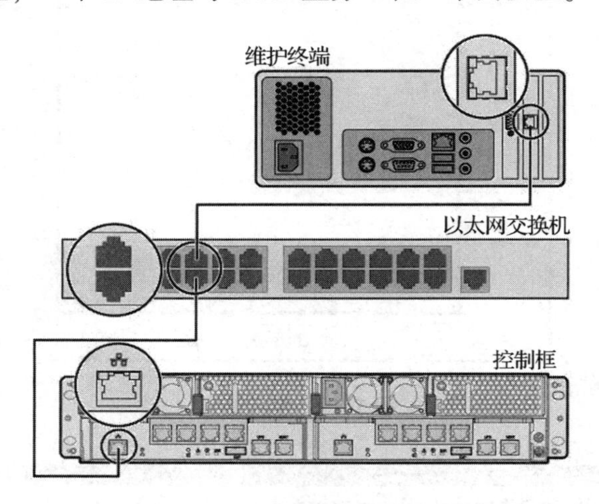

图 5-38　Windows 主机与 SAN 存储连接组网与硬件结构

4. 实验硬件与软件版本

硬件设备：S2600 3 台，交换机 1 台，网线若干，应用服务器 1 台（带 FC HBA 卡，安装 Windows 2003 操作系统），LC-LC 多模光纤 3 根。

软件版本：S2600V100R005，Windows iSCSI Initiator。

维护终端支持以下操作系统：Microsoft Windows XP/2003。

资源要求：内存大于或等于 1GB，硬盘空间大于 40GB。

5. 实验具体步骤

本实验的基本前提是 S2600 已经正确地完成了硬件安装，上电无异常，且完成了 RAID 和 LUN 的配置，主机与存储的连线都已经连好，Windows 服务器上的 BA 卡和 BA 卡驱动已经准备好。

（1）Windows 服务器下的 FC HBA 卡安装

1）打开 Windows 服务器机箱，安装 FC HBA 卡。

2）开机，以“Administrators 组”用户的身份登录 Windows 应用服务器。

3）安装 FC HBA 卡驱动程序。

（2）创建主机组和主机

1）在 ISM 主界面中单击导航栏中“映射”项下的“主机组”项，再单击操作区中的“创建”按钮，如图 5-39 所示。

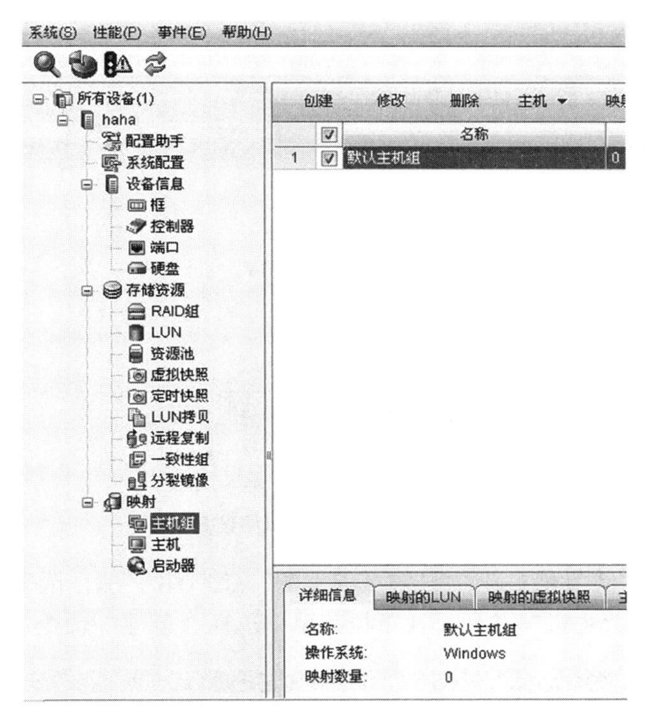

图 5-39　创建主机组

2）在弹出的“创建主机组”对话框中，输入主机组的名称，再选择主机组的操作系统，如图 5-40 所示。

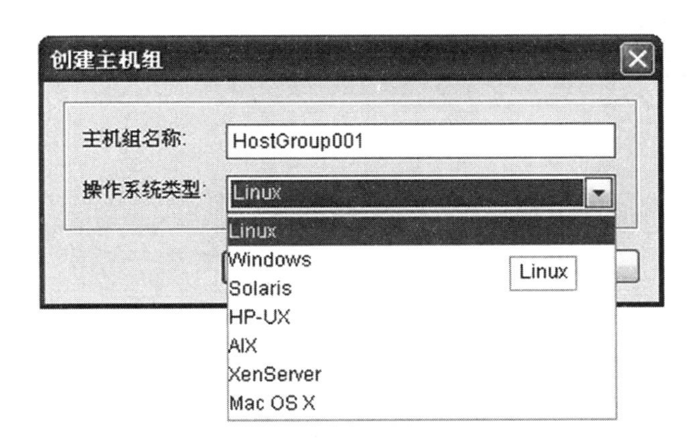

图 5-40　主机组名称

注意：主机组是为了区分不同操作系统的主机。为了管理方便的逻辑概念，任何主机必须且只能属于某一个主机组，一个主机组可以包含多个主机，默认主机组是系统自带的主机组，该主机组的操作系统为 Windows。

3）单击“确定”按钮，可以查看创建的主机组信息，如图 5-41 所示。

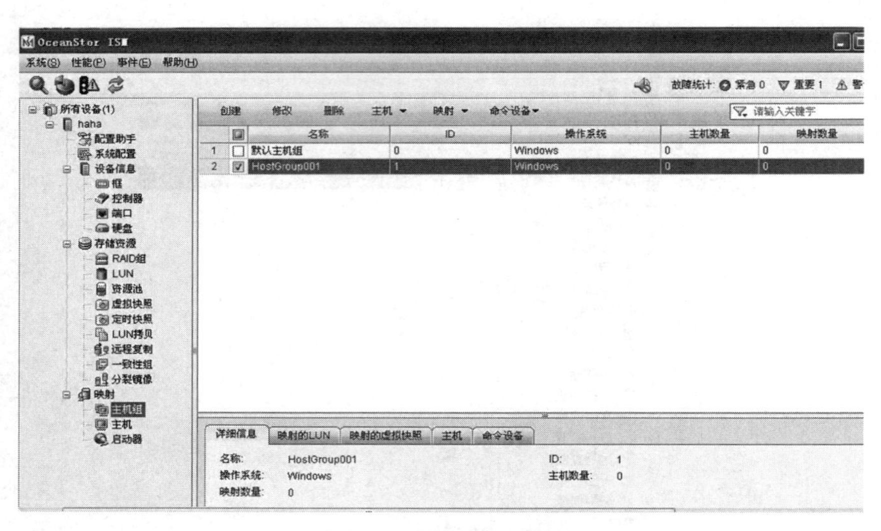

图 5-41　查看主机组信息

4）创建主机。单击导航栏中“映射”项下的“主机组”项，选中需要添加的主机组。再单击操作区上面的“主机”按钮，在下拉菜单中选择“创建”命令，如图 5-42 所示。

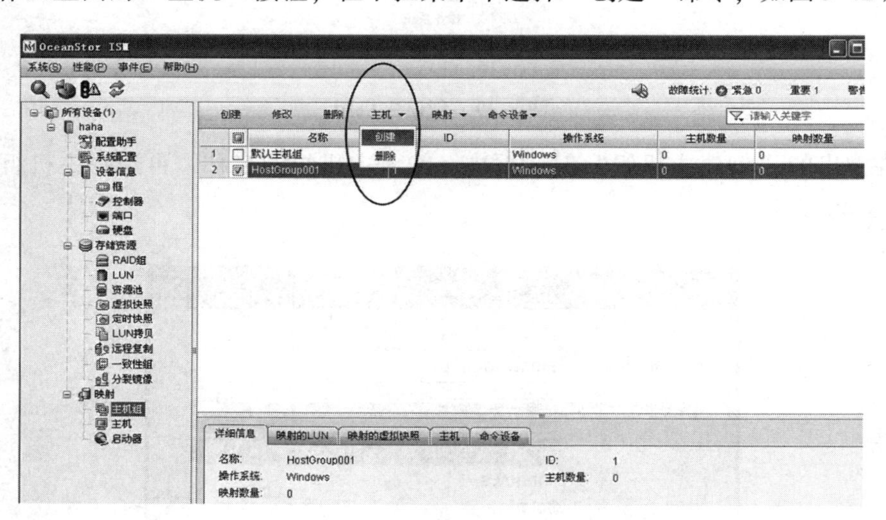

图 5-42　创建主机

5）在弹出的“创建主机”对话框中，输入主机的名称，如图 5-43 所示。

图 5-43　主机名称

6）单击“确定”按钮，出现创建成功提示框，如图 5-44 所示。单击“继续”按钮可以继续创建主机，单击“完成”按钮可以关闭创建操作。

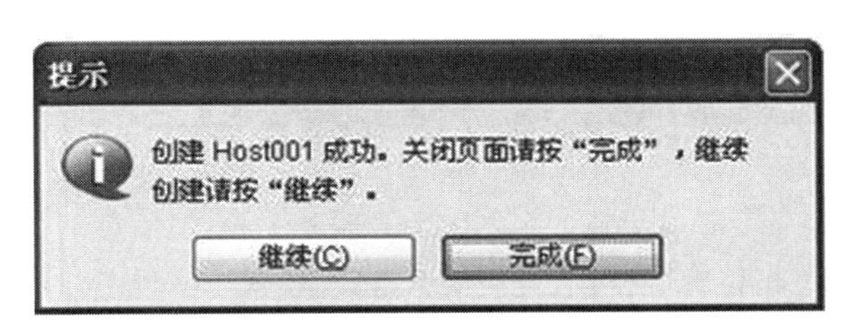

图 5-44　创建成功提示框

7）查看创建的主机信息。单击导航栏中“映射”项下的“主机”项，在操作区可以查看创建的主机信息，如图 5-45 所示。

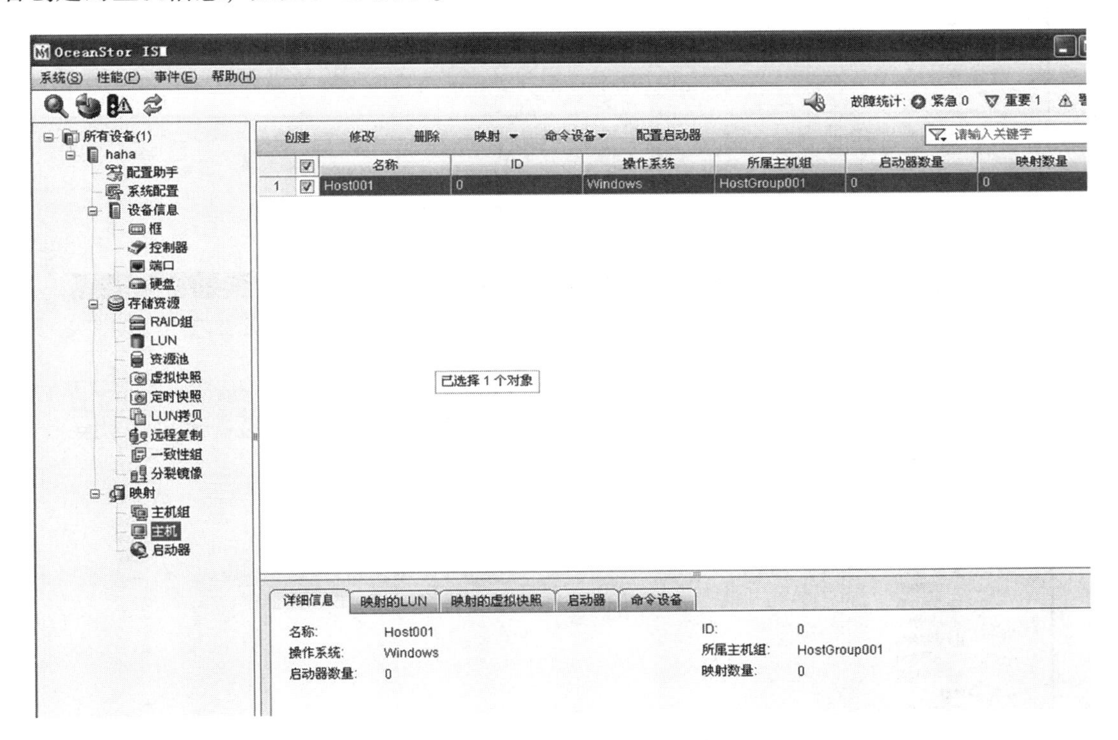

图 5-45　查看创建的主机信息

（3）S2600 存储阵列 iSCSI 主机端口配置

本任务为配置阵列 iSCSI 主机端口的 IP 地址及绑定等功能。

1）单击导航栏中“设备信息”项下的“端口”项，在操作区中单击“FC 主机端口”选项卡，可以看到 FC 主机端口的信息，单击“iSCSI 主机端口”选项卡，可以看到 iSCSI 主机端口的信息，如图 5-46、图 5-47 所示。

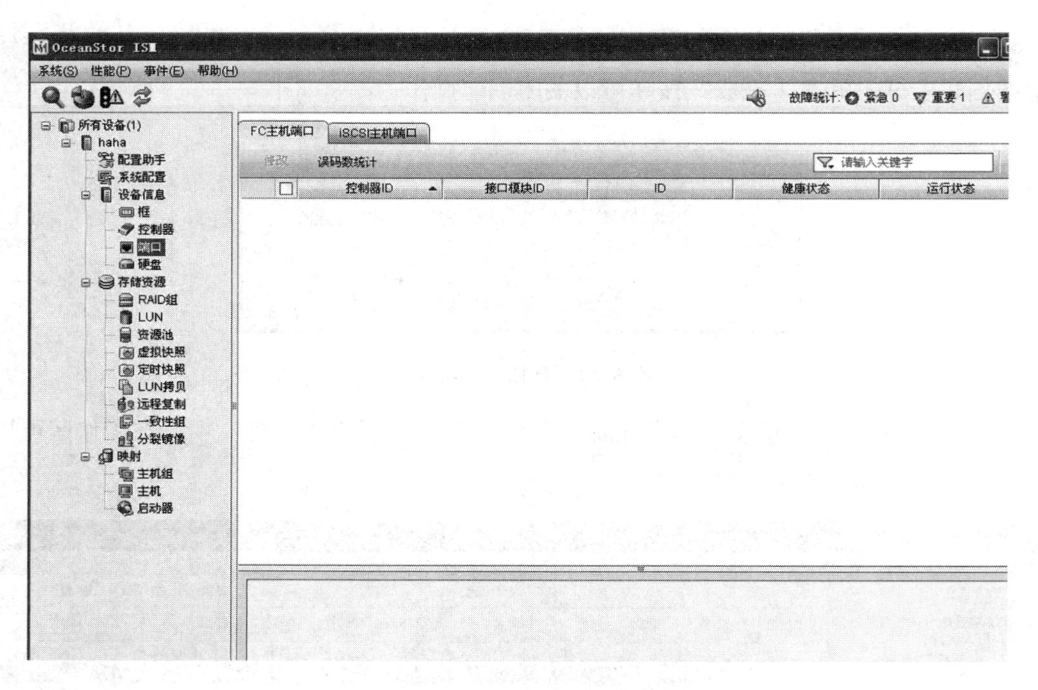

图 5-46　查看 FC 主机端口信息

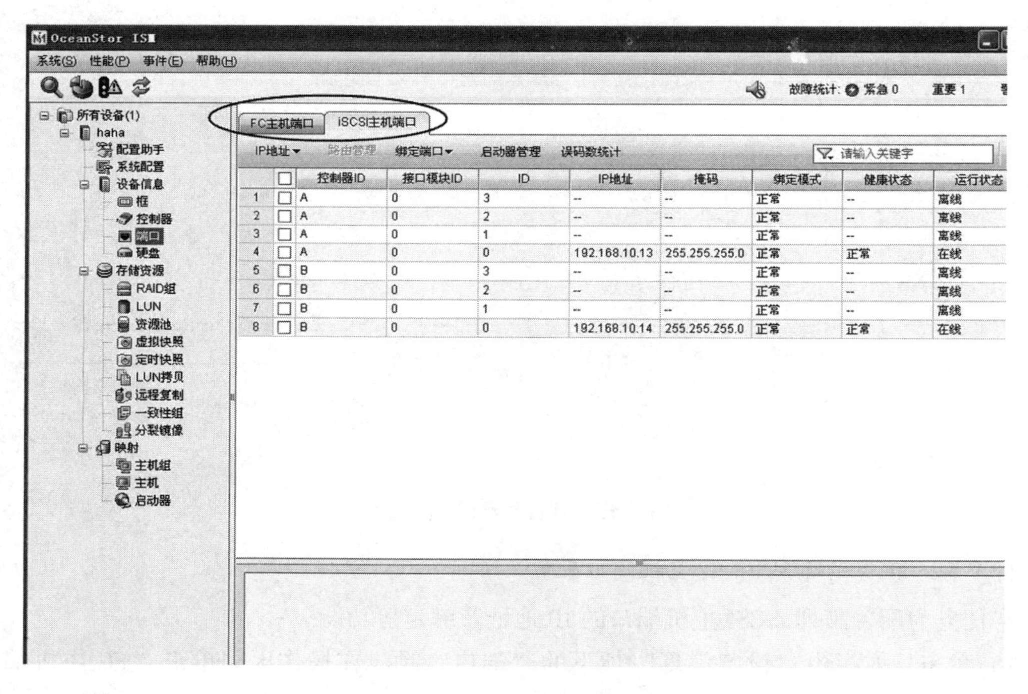

图 5-47　查看 iSCSI 主机端口信息

2）配置 iSCSI 主机端口的 IP 地址。单击“iSCSI 主机端口”选项卡，选中需要配置 IP 的主机端口；再单击操作区上方的“IP 地址”按钮，在下拉菜单中选择“修改”命令，如图 5-48 所示。

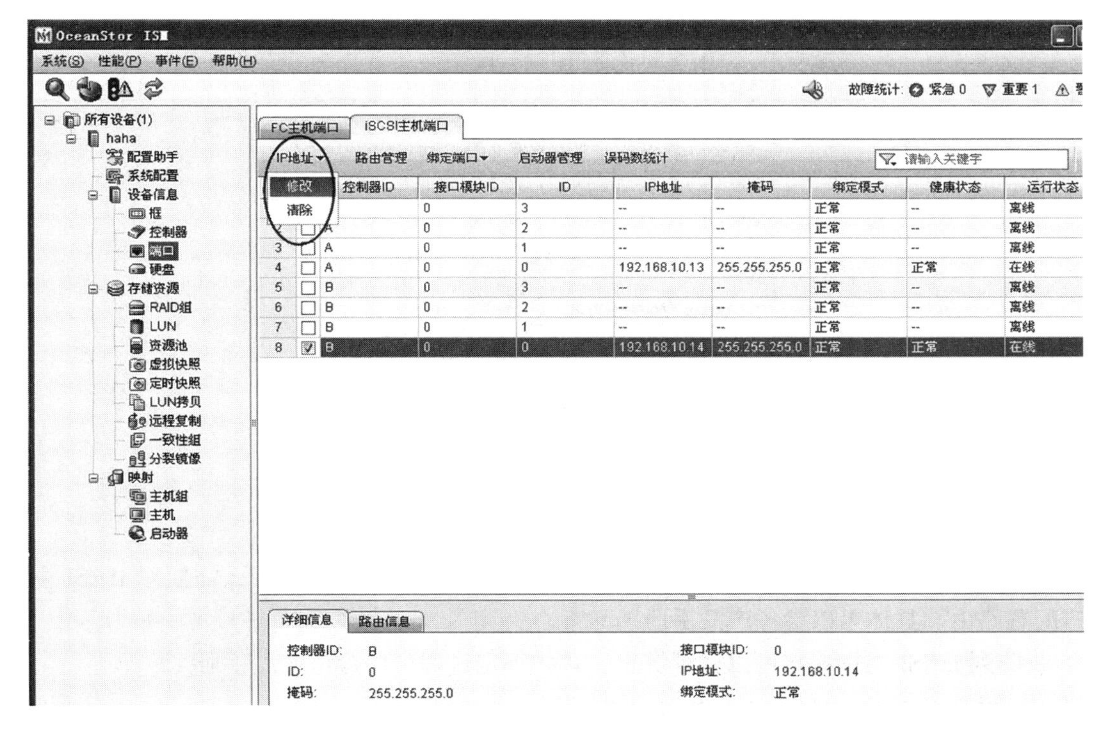

图 5-48 修改 IP 地址

3）在弹出的“修改 IP 地址”对话框中，输入规划好的主机端口 IP 地址和子网掩码，如图 5-49 所示。

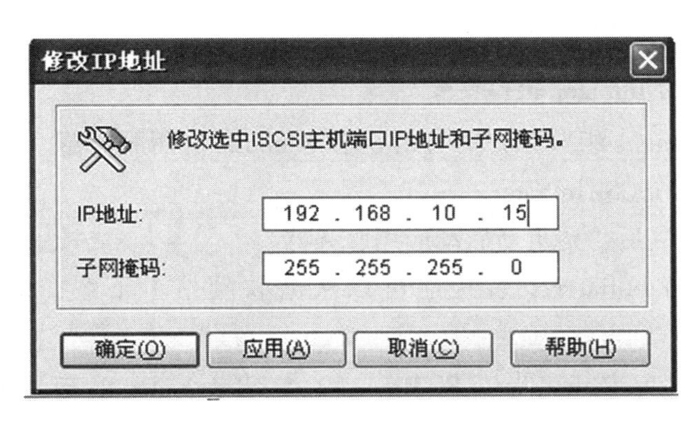

图 5-49 IP 地址的修改

注意：同一控制器上不同的 iSCSI 主机端口不能配置同一地址段的 IP 地址，而且任一 iSCSI 主机端口的 IP 地址段不能和管理端口的 IP 地址段相同。

4）单击“确定”按钮后会弹出警告信息，如果是第一次配置或者不是在线修改，请勾选确认信息，再单击“确定”按钮，完成修改，如图 5-50 所示。

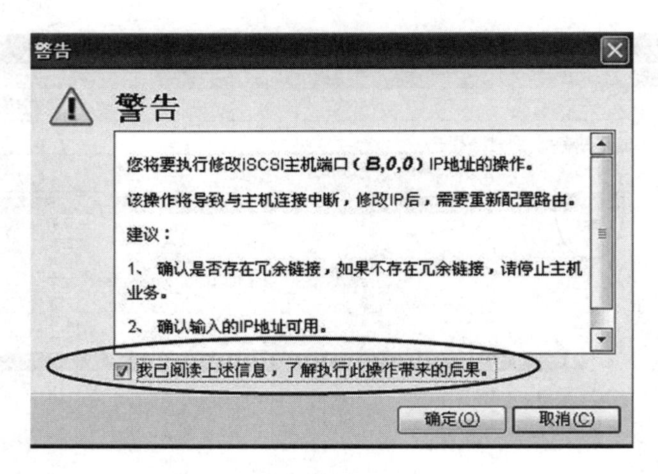

图 5-50 警告信息

注意：① 修改控制器的 iSCSI 主机端口会造成连接中断。

② 如果主机和业务端口不在同一个网段上，（需要经过路由），那么需要对 iSCSI 主机端口配置路由。具体可以参考产品手册。

③ 阵列 iSCSI 主机端口可以进行绑定，具体绑定过程可以参考产品手册。

（4）S2600 存储阵列 FC 主机端口配置

1）单击“FC 主机端口”选项卡，选中要配置的 FC 主机端口，单击操作区上面的“修改”按钮。

2）在弹出的“修改 FC 端口信息”对话框中，可以选择“配置速率”和“配置模式”，“配置速率”建议为“自适应”，“配置模式”建议为“仲裁环”。

（5）Windows 下的 Initiator 软件安装

1）以“Administrators 组”用户的身份登录 Windows 应用服务器。

2）安装 Microsoft iSCSI Initiator。

注意：① 完成安装后，请重新启动应用服务器。

② Microsoft iSCSI Initiator 安装程序可以从微软网站上下载，请使用 2.01 及以上版本。

③ 若需要安装 UltraPath，当安装 Microsoft iSCSI Initiator 时应取消勾选“Installation Options”复选框中的“Microsoft MPIO Multipathing Support for iSCSI”项。

④ Initiator 配置只在主机连接阵列 iSCSI 主机端口时需要配置，如果主机通过 FC HBA 卡连接阵列的 FC 主机端口，则主机端不需要配置 Initiator 软件。

（6）Windows 下 Initiator 的配置

1）运行 Microsoft iSCSI Initiator，其属性界面如图 5-51 所示。

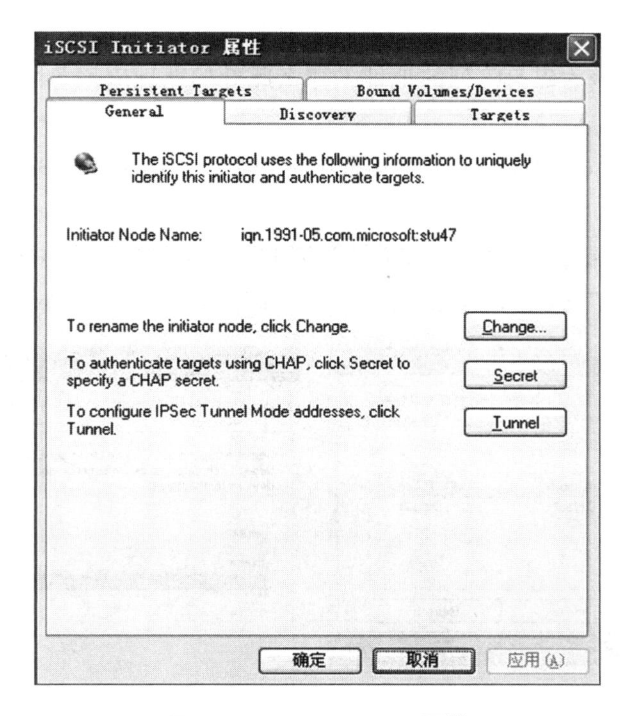

图 5-51　iSCSI Initiator 属性

2）单击“Change”按钮，在弹出的“Initiator Node Name Change”对话框中，修改 Initiator Node 的名称，如图 5-52 所示。

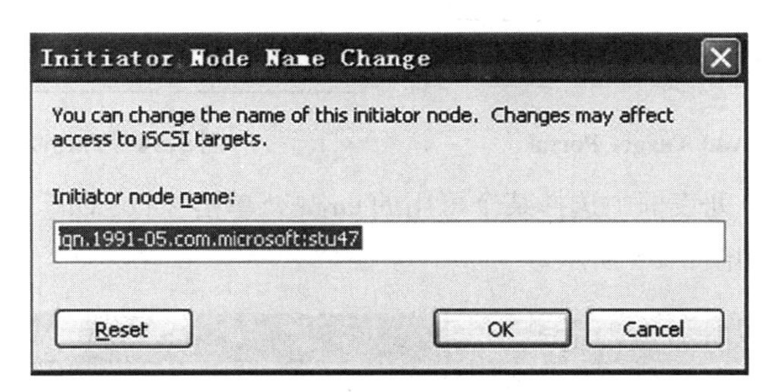

图 5-52　修改 Initiator Node 名称

注意：修改后的 Initiator Node 名称要与“配置启动器”中设置的“别名”一致，否则，在应用服务器侧无法使用 LUN。

思考题：如果服务器与存储设备没有连通，或者服务器侧没有安装 Initiator 软件进行配置，存储管理软件中能否发现相应的启动器选项？在实际的安装配置中，应该注意何种操作顺序？

3）单击“Discovery”选项卡，再单击“Target Portals”项目栏中的“Add”按钮，打开“Add Target Portal”对话框，如图 5-53 所示。

思考题：在 SAN 环境中，通常服务器端称为 Initiator 端，而存储阵列端称为 Target 端，此处填写的 IP 地址应该为磁盘阵列的地址，那么此处的地址应该与阵列初始化配置中的哪一个地址一致？

4）在“IP address or DNS name”文本框中输入与该应用服务器相连的 iSCSI 主机端口的 IP 地址。

5）单击“OK”按钮，在“Target Portals”项目栏中可以看到已添加的目标器端口信息。

6）单击“Targets ”选项卡，可以看到“Status”显示为“Inactive”，如图 5-54 所示。

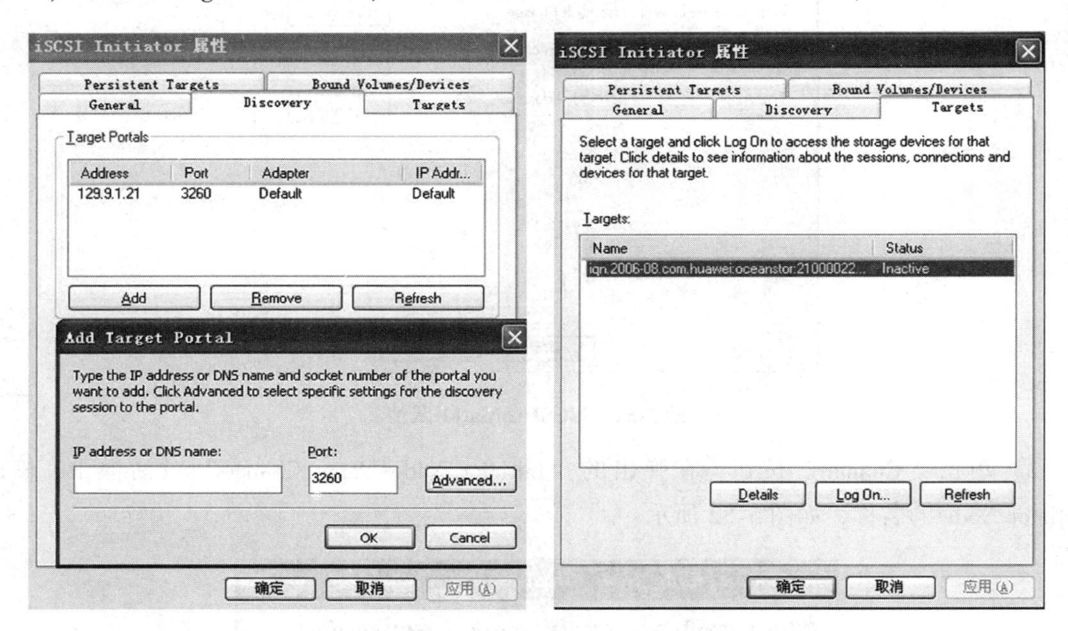

图 5-53　**Add Target Portal**　　　　图 5-54　**Targets 选项卡**

7）在“Targets”列表框中选择某个可用的 target，单击“Log On”按钮，打开“Log On to Target”对话框，如图 5-55 所示。

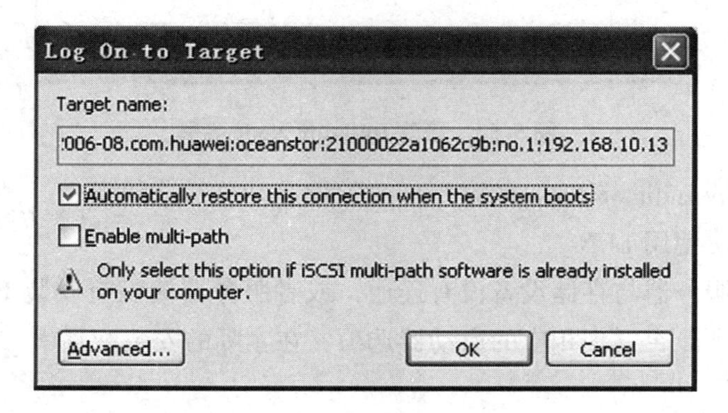

图 5-55　**Log On to Target**

8）确认勾选“Automatically restore this connection when the system boots”复选框，再单击“OK”按钮，返回到“iSCSI Initiator 属性”对话框。

9）单击“Targets”选项卡，确定“Status”项显示为“Connected”（此时主机可访问存储设备），如图5-56所示。单击“确定”按钮，完成操作。

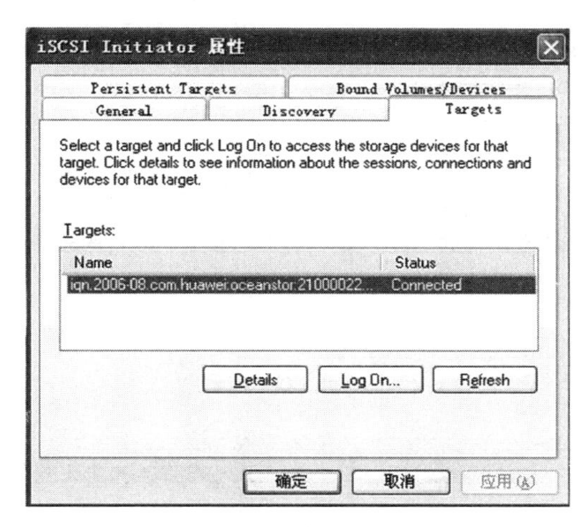

图5-56　配置完成

注意：配置只在主机连接阵列iSCSI主机端口时需要配置，如果主机通过FC HBA卡连接阵列的FC主机端口，则主机端口不需要配置Initiator。

（7）在阵列端添加映射和端口

本任务的前提是已经配置创建好RAID和LUN，已经创建好主机组和主机，已经配置好相应的端口，主机端已经完成连接配置。

1）在导航栏中单击“映射”项下的“主机”项，选中需要添加映射的主机，如图5-57所示。单击操作区上面的“映射”按钮，在下拉菜单中选择“添加LUN映射”命令。

图5-57　选中主机

2）在弹出的“添加 LUN 映射”对话框中，选中需要添加给主机的 LUN，如图 5-58 所示。单击“确定”按钮完成映射 LUN，可以查看映射后的主机信息，如图 5-59 所示。

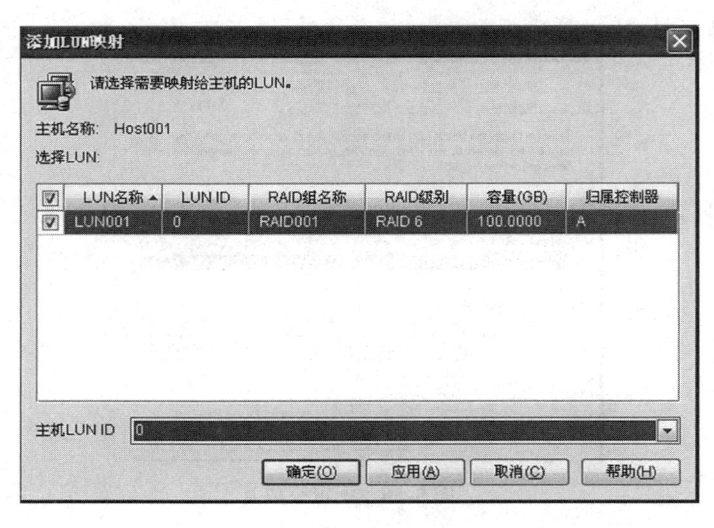

图 5-58　添加 LUN 映射

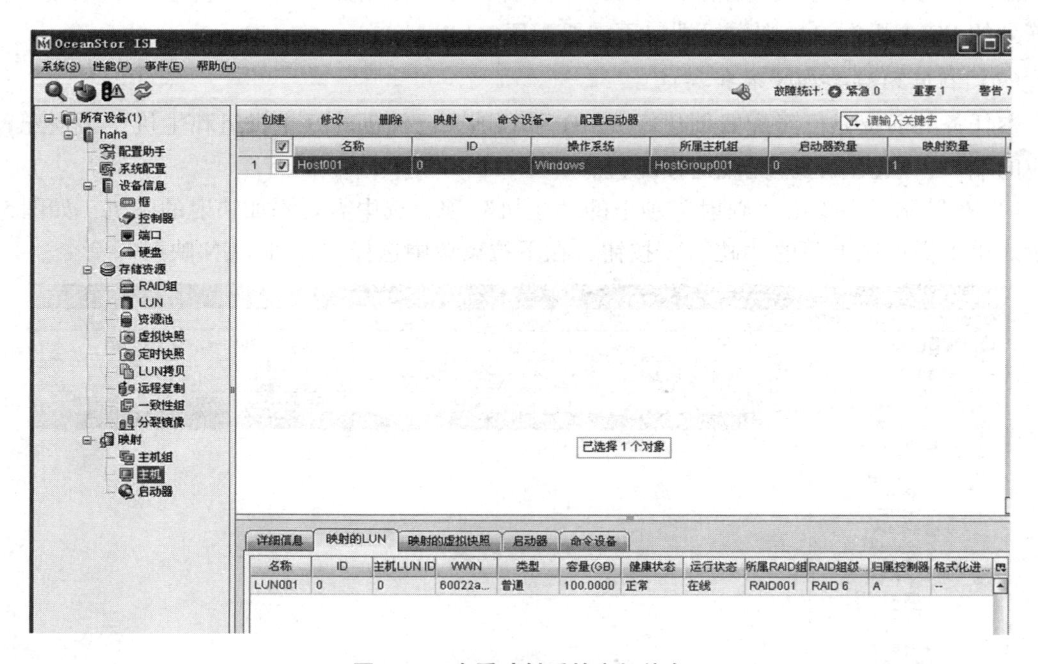

图 5-59　查看映射后的主机信息

注意： LUN 可以映射给主机，也可以映射给主机组，同一个 LUN 只能映射给一个主机或一个主机组，但是一个主机或主机组可以映射多个 LUN。如果 LUN 映射给主机组，相当于该主机组下面的所有主机都映射了这个 LUN，映射给主机组只在主机为集群的情况下使用。如果主机不是集群，那么强烈建议采取映射给主机这种方式，否则有巨大的危险。

思考题：在 ISM 界面是否还有其他方法也可以添加映射？

3）添加端口。在导航栏中单击"映射"项下的"主机"项，选中需要添加端口的主机。单击操作区上面的"配置启动器"按钮，如图 5-60 所示。

图 5-60　添加端口

4）在弹出的"配置启动器"对话框中，单击"添加"按钮，如图 5-61 所示。

5）在弹出的"添加"对话框中，选中已经连接的启动器，如图 5-62 所示，再单击"确定"按钮。

图 5-61　配置启动器

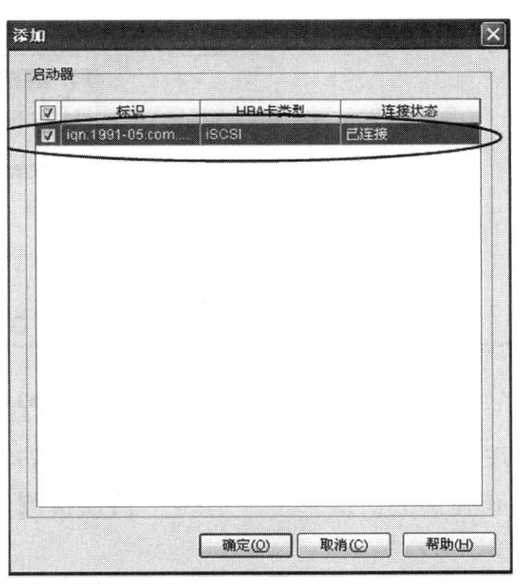

图 5-62　添加启动器

思考题：① 如果要识别到 iSCSI 启动器，还记得需要先在主机端做什么配置吗？

② 还记得如何在主机端查看 Initiator 的标识吗？

③ 如果主机是通过 FC HBA 卡连接的，则要在主机端做什么配置？“添加”对话框会有什么不同？

④ 如何在 Windows 主机端查看 FC HBA 卡的 WWN（World Wide Name，全球唯一名字）？

注意：添加启动器的目的是为了把在 ISM 界面下创建的虚拟主机与实际物理主机对应起来，对应的方式就是为主机添加端口，同时在物理层面也建立起了主机与阵列的传输链路。

（8）Windows 环境下使用 LUN

1）以“Administrator 组”用户身份登录 Windows 应用服务器。

2）在桌面上，右键单击“我的电脑”，在弹出的快捷菜单中选择“管理”命令，打开“计算机管理”窗口。

3）在左侧导航栏中右键单击“存储”项下的“磁盘管理”项，在弹出的快捷菜单中选择“重新扫描磁盘”命令，扫描完成后能够在右侧看到新增加的逻辑磁盘（以“磁盘 1”为例进行说明），如图 5-63 所示。

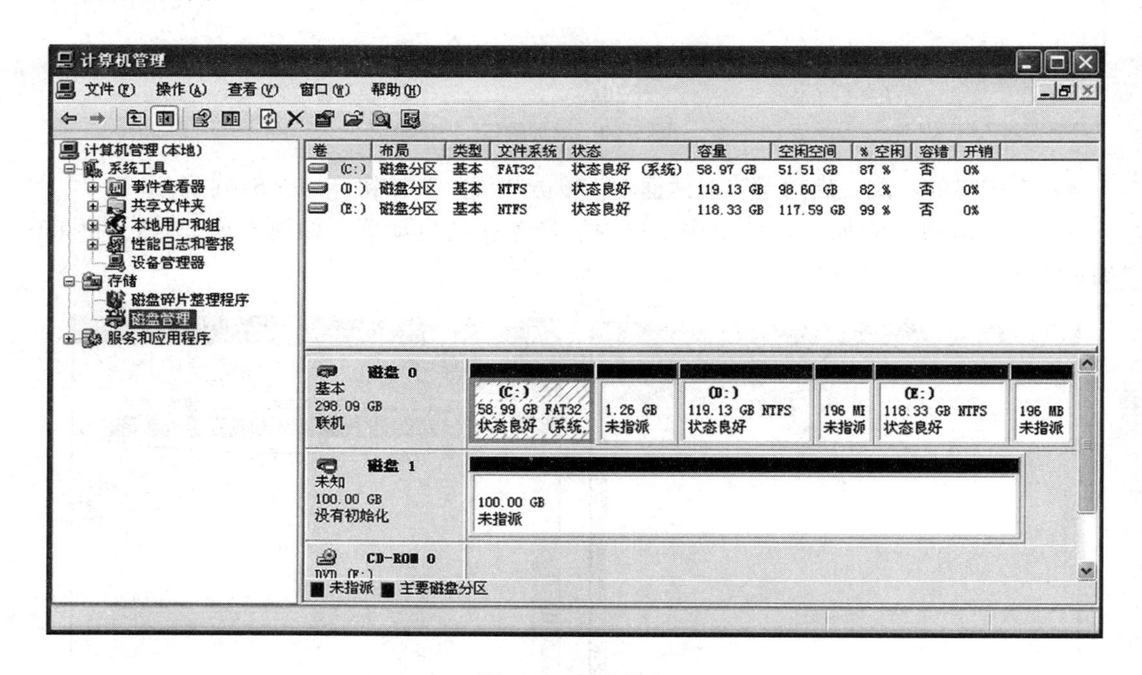

图 5-63　磁盘管理

注意：若不能看到逻辑磁盘，需要右键单击“设备管理器”项下的“磁盘驱动器”项，在弹出的快捷菜单中选择“扫描检测硬件改动”命令，完成扫描检测后，再执行步骤 3。

4）对逻辑磁盘进行初始配置。右键单击磁盘，在弹出的快捷菜单中选择“初始化磁盘”命令，如图 5-64 所示。

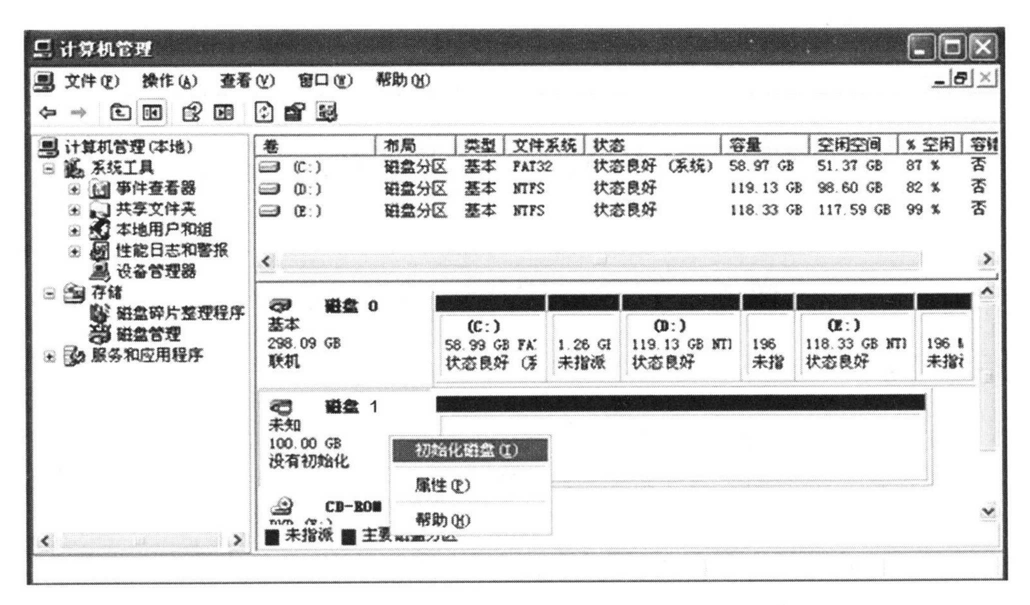

图 5-64　初始化磁盘

5）在弹出的“初始化磁盘”对话框中选择“磁盘 1”，单击“确定”按钮，完成磁盘的初始化，如图 5-65 所示。

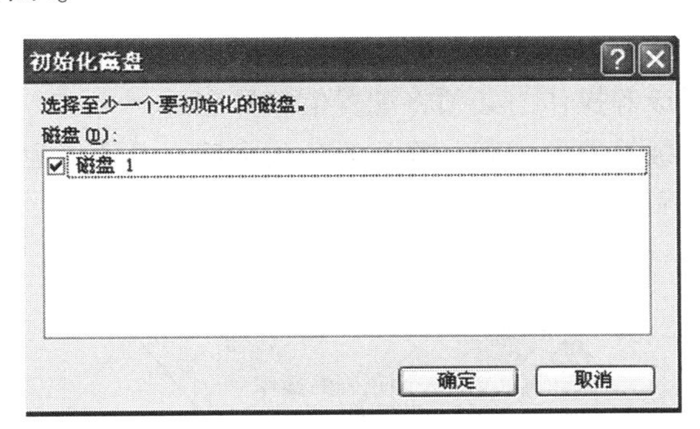

图 5-65　完成磁盘初始化

6）对硬盘进行分区、格式化（请读者自行完成）。

(9) Windows 环境下安装多路径软件

1）将随阵列携带的多路径软件光盘的内容复制到本地。

2）解压多路径软件，双击 Install 文件。

3）根据提示完成安装。

注意：安装完成后必须重启主机。

6. 思考与练习

如果主机与存储通过 FC 链路连接，主机端配置与 iSCSI 连接有何不同？

第 6 章　SAN 网络存储系统日常维护

任务 6.1　SAN 存储系统日常维护

任务目标

1）熟练掌握 SAN 存储产品基本维护流程、工具和方法。

2）熟练掌握 SAN 存储产品常见故障的诊断和处理。

3）熟练掌握 SAN 存储产品维护中如何获取帮助。

4）能够独立完成 SAN 存储的日常维护、信息收集和部件更换操作。

1. 日常维护基本概述

日常维护通常包含以下项目：维护前准备、信息收集、设备硬件查看、ISM 告警查看、部件更换、升级、Call home 配置。

重要提示：

1）在部件更换、升级等操作前必须将配置信息导出。

2）在部件更换、升级等操作结束，确认业务正常后，必须将配置信息导出。

2. 日常维护基本原则

日常维护的基本原则如图 6-1 所示。

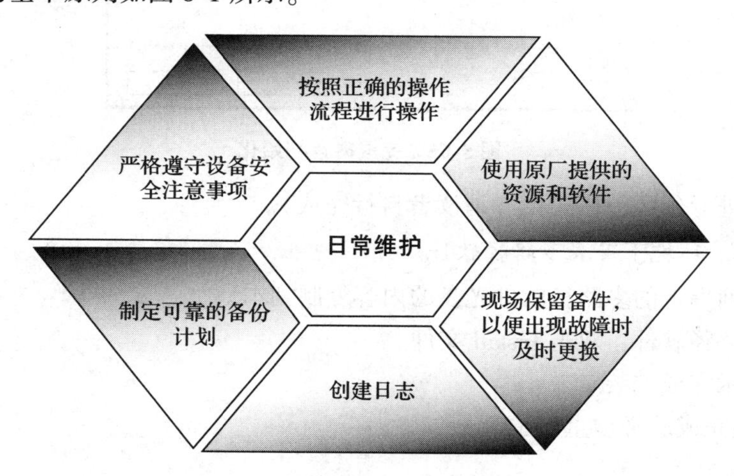

图 6-1　日常维护的基本原则

3. 日常维护准备

日常维护的准备工作如图 6-2 所示。

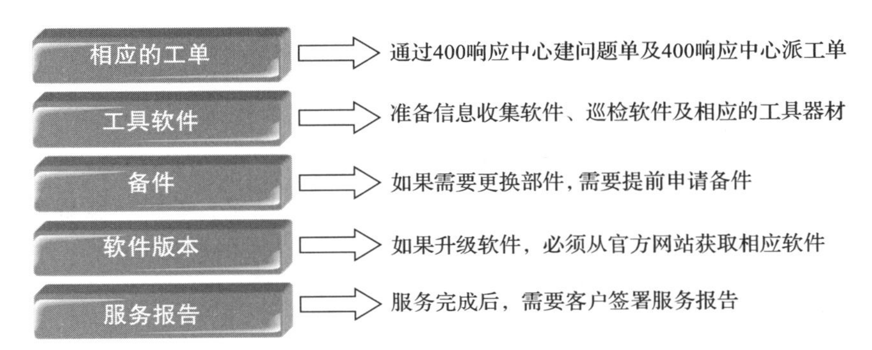

图 6-2　日常维护的准备工作

4. 日常维护资源

日常维护的资源如图 6-3 所示。

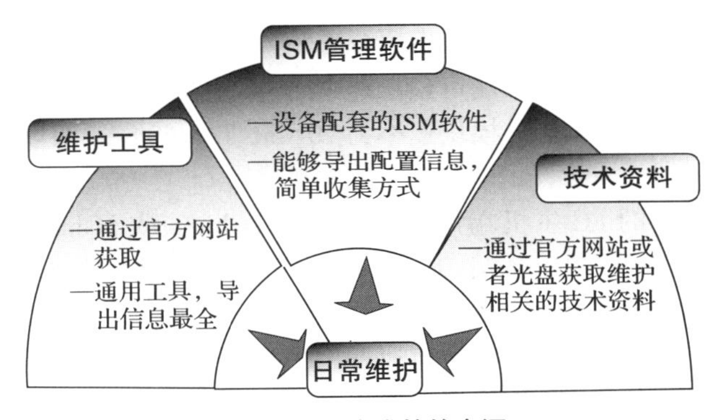

图 6-3　日常维护的资源

任务 6.2　设备面板状态查看

1. 日常维护设备

日常维护设备如图 6-4 所示。

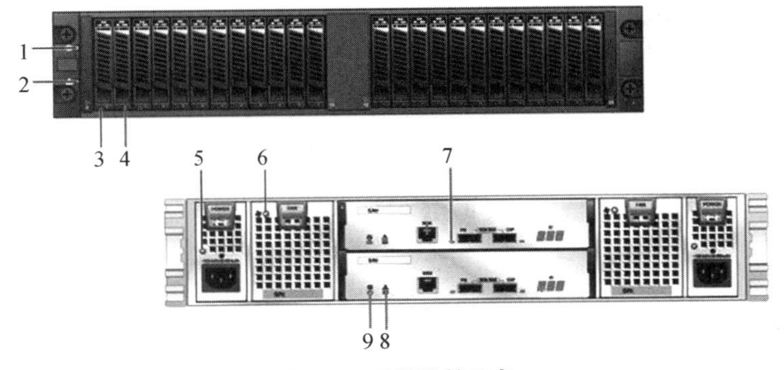

图 6-4　日常维护设备

1—硬盘框电源指示灯　2—硬盘框告警指示灯　3—硬盘告警定位灯
4—硬盘运营指示灯　5—电源运行/告警指示灯　6—风扇运行告警指示灯
7—miniSAS 级联端口指示灯　8—级联模块告警指示灯　9—级联模块电源指示灯

2. 日常维护项目——面板观察总结

1）绿灯亮：模块正常，端口的速率值（见下文）。

2）红灯亮：模块故障（见下文）。

3）红灯闪：模块正在启动，定位端口，定位硬盘。

4）绿灯闪：端口正在传输数据，BBU 充电，电源模块已接，硬盘传输数据但电源未上电，控制器正在启动，端口模块有热插拔请求。

5）蓝灯亮：端口的速率值（见下文）。

6）蓝灯闪：端口正在传输数据。

7）橙灯亮：端口的速率值（见下文）。

8）橙灯闪：管理网口正在传输数据，BBU 正在放电。

9）灯不亮：未上电，未连接，端口模块可以插，告警灯灭表示正常，1GB 的 iSCSI 主机端口的速率灯灭表示速率低于 1Gbit/s。

对于 S2600/S5000/S5000T 端口速率指示灯总结如下：

1）蓝灯亮：4Gbit/s 的 FC 主机端口模块速率为 4Gbit/s；8Gbit/s 的 FC 主机端口模块为 8Gbit/s；10Gbit/s 的 iSCSI 主机端口模块速率为 10Gbit/s；miniSAS 级联模块与级联框连接速率为 6Gbit/s。

2）绿灯亮：4Gbit/s 的 FC 主机端口模块速率为 1Gbit/s 或 2Gbit/s；8Gbit/s 的 FC 主机端口模块速率为 4Gbit/s 或 2Gbit/s；10Gbit/s 的 iSCCI 主机端口模块速率为 1Gbit/s；miniSAS 级联模块与级联框连接速率为 3Gbit/s。

3）橙灯亮：1Gbit/s 的 iSCSI 主机端口速率为 1Gbit/s。

4）红灯亮：1Gbit/s 的 iSCSI 主机端口速率低于 1Gbit/s。

任务 6.3　ISM 界面状态查看与信息导出

1. 使用 ISM 查看故障统计

使用 ISM 查看故障统计的操作如图 6-5 所示，直接单击故障统计中的“紧急”“重要”或“警告”图标，可以直接查看相应的告警信息。

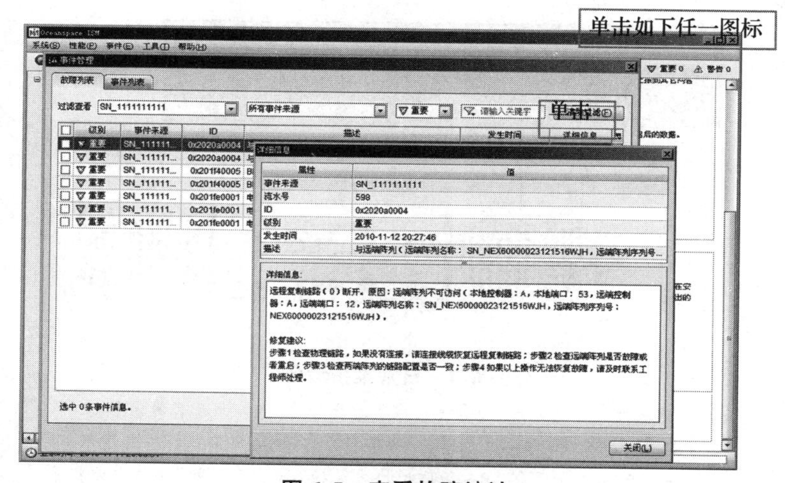

图 6-5　查看故障统计

2. 使用 ISM 查看硬件状态

登录到 ISM 管理界面，单击设备信息，可以看到硬件状态，故障状态的部件都是用红框标出的。依次单击“存储资源”下的项目，可以分别查看逻辑状态信息，如图 6-6 所示。

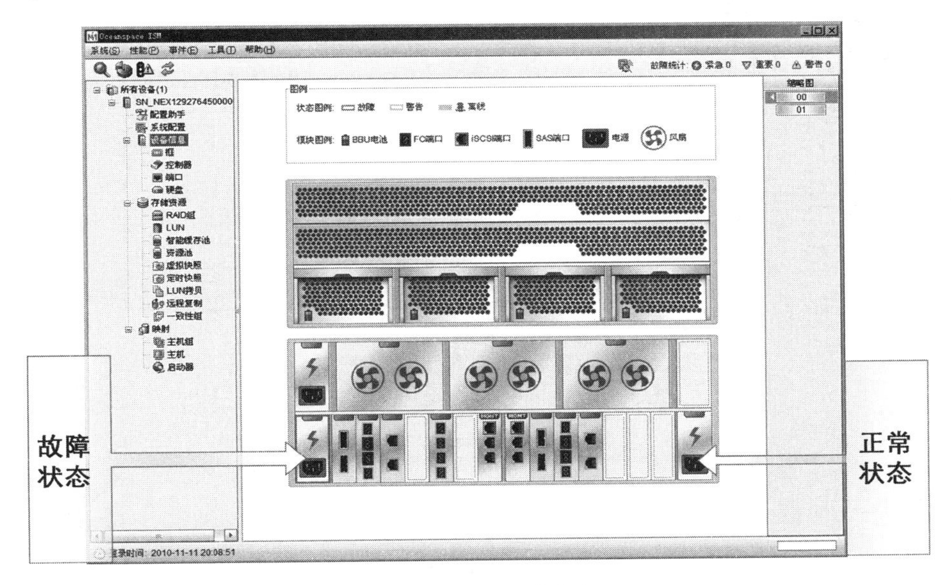

图 6-6　查看硬件状态

3. 通过 ISM 导出配置数据

配置信息是非常重要的信息，保存了阵列的配置信息。通过 ISM 导出配置数据的操作如图 6-7 所示。

图 6-7　导出配置数据

4. 通过 ISM 导出运行数据

通过 ISM 导出运行数据的操作如图 6-8 所示。

图 6-8　导出运行数据

5. 通过 ISM 导出事件信息

通过 ISM 导出事件信息的操作如图 6-9 所示。

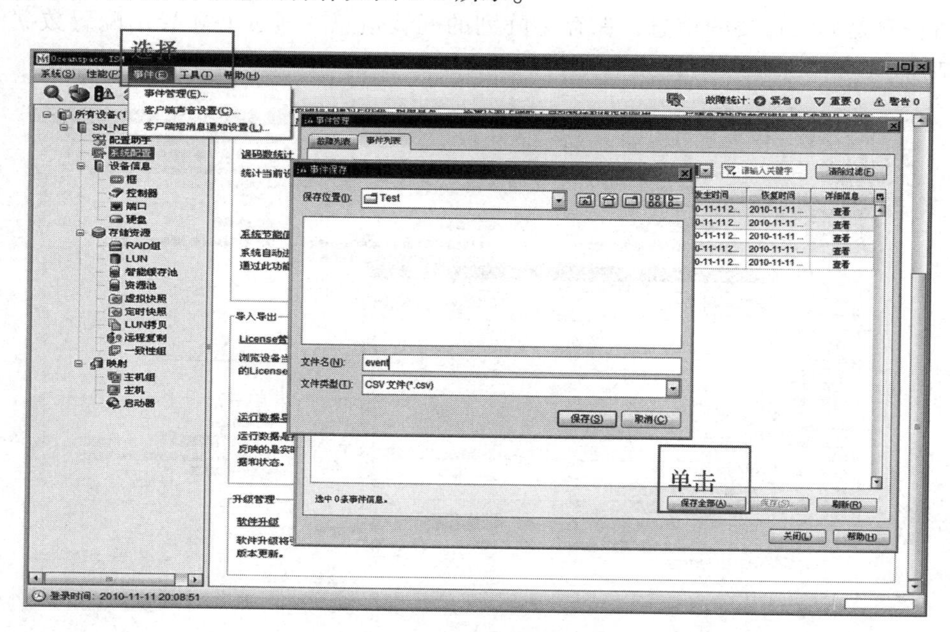

图 6-9　导出事件信息

6. 通过 ISM 导出日志信息

通过 ISM 导出日志信息的操作如图 6-10 所示。

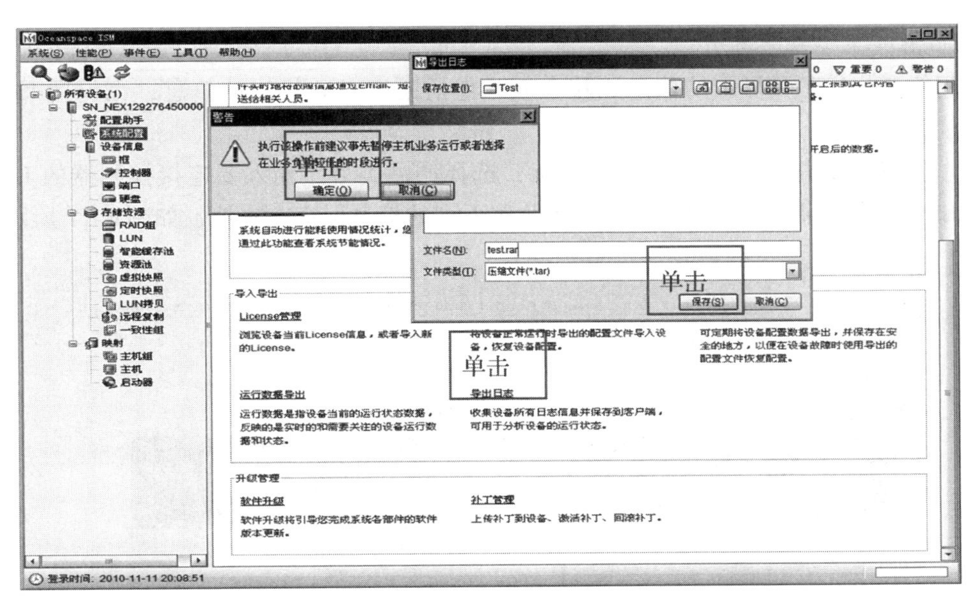

图 6-10　导出日志信息

任务 6.4　维护工具的使用

1. 维护工具总汇

维护工具包中有几种不同的工具，这些工具都能运行于 Windows 系统。不同的工具对不同产品和不同版本的支持程度不一样，请参考维护工具包中的相应文档。维护工具包可以从华为赛门铁克的官方网站下载。

维护助手工具需要在维护终端安装 JRE 1.6.18 或以上版本，其他的工具需要在维护终端安装 JRE1.5 或以上版本，见表 6-1。

表 6-1　维护工具对产品及 JRE 版本支持情况

产　品	版 本 号	升级检查工具	巡检工具	信息收集工具	验收报表工具	维护助手工具		
						信息收集功能	配置显示功能	日志分析功能
S2000(S2100/S2300)	V100R001	支持	支持	支持				
V1000(V1500/V1800)	V100R001	支持	支持	支持				
S5000/S2600	V100R001	支持	支持	支持	支持			
S5000/S2600	V100R002	支持	支持	支持				
统一版本(2600/5X00/6800E)	V100R005C01	支持	支持		支持	支持		
统一版本(2600/5X00/6800E)	V100R005C02	支持	支持			支持	支持	支持
S5000T	V100R001		支持			支持	支持	支持

2. 信息收集工具的使用

使用信息收集工具导出的信息比较全面，包括通过 ISM 导出的信息，也包括 ISM 收集不了的信息。

操作步骤：双击 RunInfoCollection 图标，选择产品类型，输入要连接控制器的 IP 地址、用户名和密码，登录后根据提示操作，将收集下来的信息保存在本地，如图 6-11 所示。

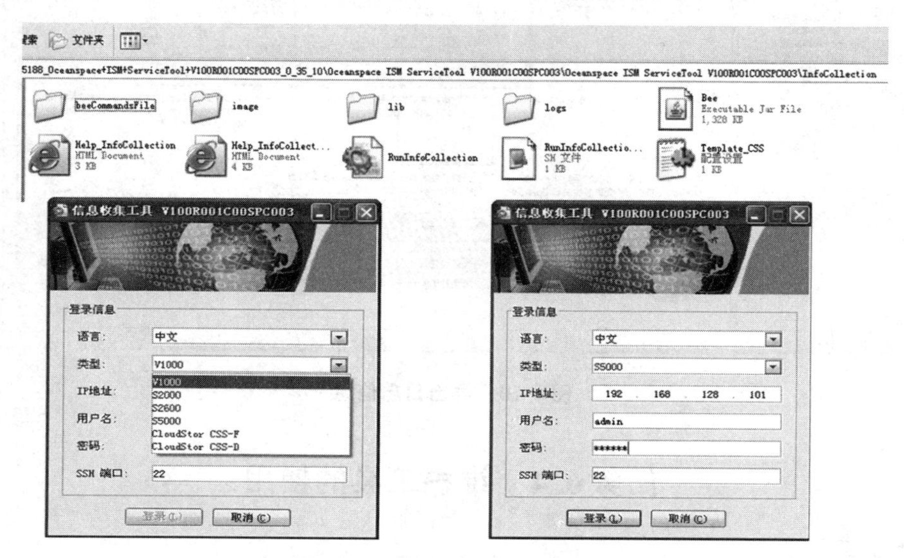

图 6-11 信息收集工具的使用

3. 升级检查工具的使用

使用升级检查工具在升级前对设备进行检查，并以图形化显示检查结果，方便查看。

操作步骤：修改 Template 文件，输入要升级控制器的 IP 地址、用户名和密码，再双击 UpgradeInspector 文件，选择设备型号，导入配置文件，选择要连接的控制器，最后按照提示完成检查，如图 6-12 所示。

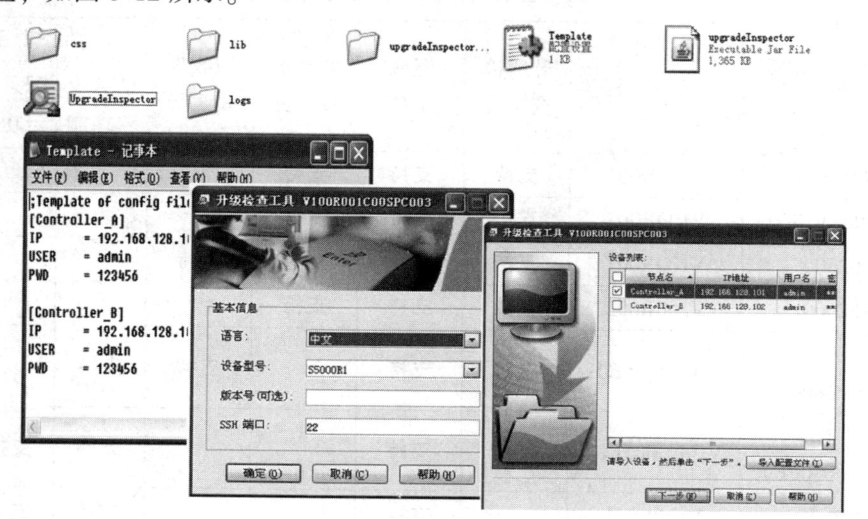

图 6-12 升级检查工具的使用

4. 巡检工具的使用

使用巡检工具在升级前对设备进行检查，并以图形化显示检查结果，方便查看。

操作步骤：修改 Template_Array 文件，输入要升级控制器的 IP 地址、用户名和密码，再双击 RunInspector 图标，选择设备型号，导入配置文件，选择要连接的控制器，最后按照提示完成检查，如图 6-13 所示。

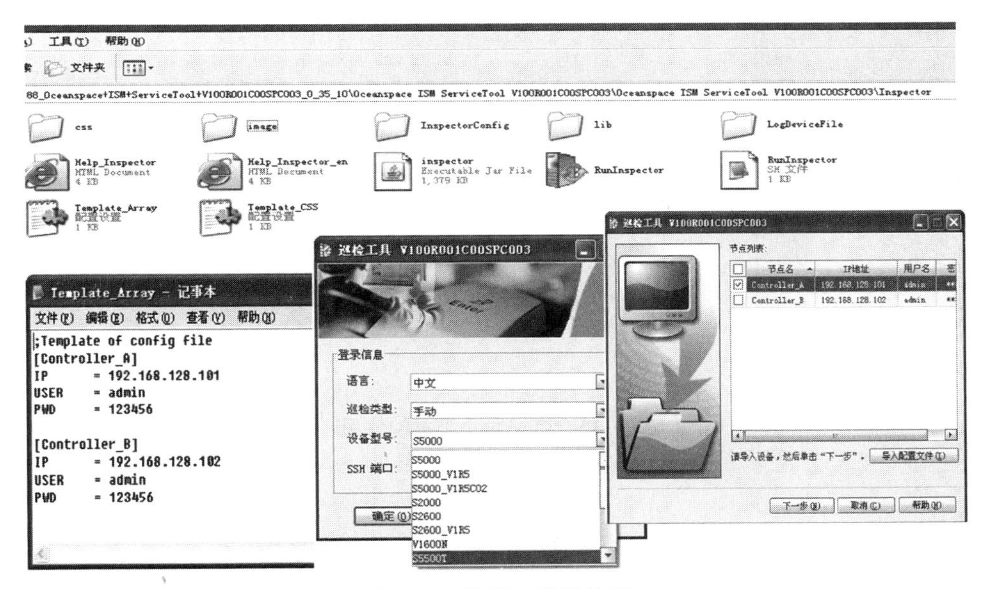

图 6-13　巡检工具的使用

5. 验收报表工具的使用

操作步骤：双击 StartReportor 图标，选择产品类型，输入要连接控制器的 IP 地址、用户名和密码，登录后根据提示进行操作，如图 6-14 所示。

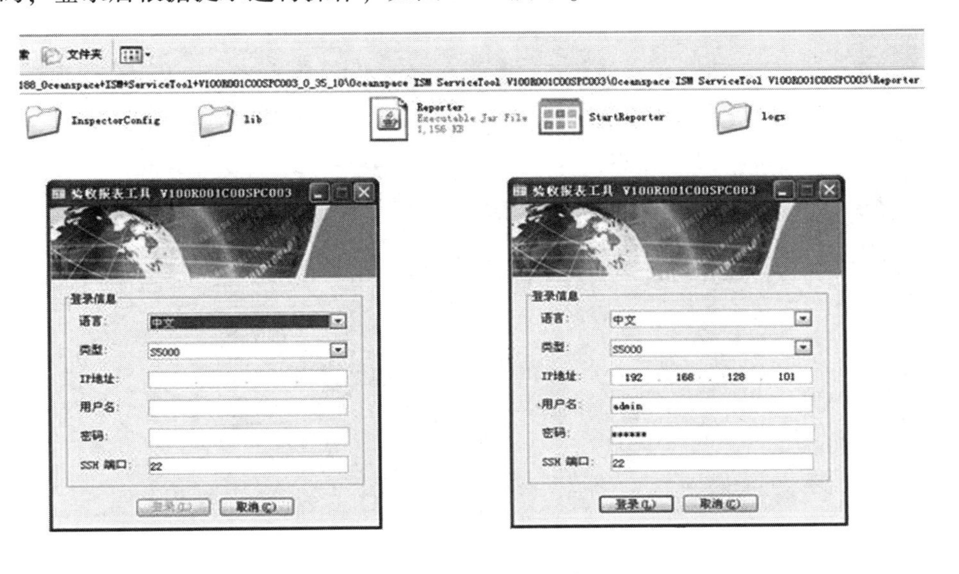

图 6-14　验收报表工具的使用

6. 维护助手工具的使用

维护助手工具的使用方法与前面几种工具类似，此处不再赘述，如图 6-15 所示。

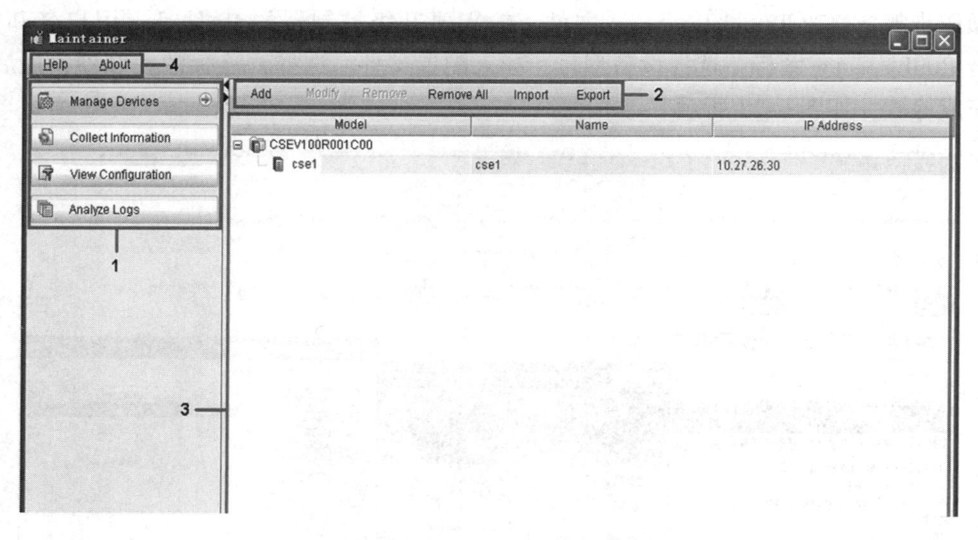

图 6-15　维护助手工具的使用

1—导航栏　2、4—工具栏　3—功能区

任务 6.5　操作系统的信息收集

1. Windows 操作系统的信息收集

对于 Windows 操作系统，在命令行中输入“eventvwr”，如图 6-16 所示。在弹出的对话框中右键单击“事件查看器”下面的项目，在弹出的快捷菜单中选择“另存日志文件”命令，选择合适的位置将日志保存下来。依次操作，将“事件查看器”中的日志保存到本地。

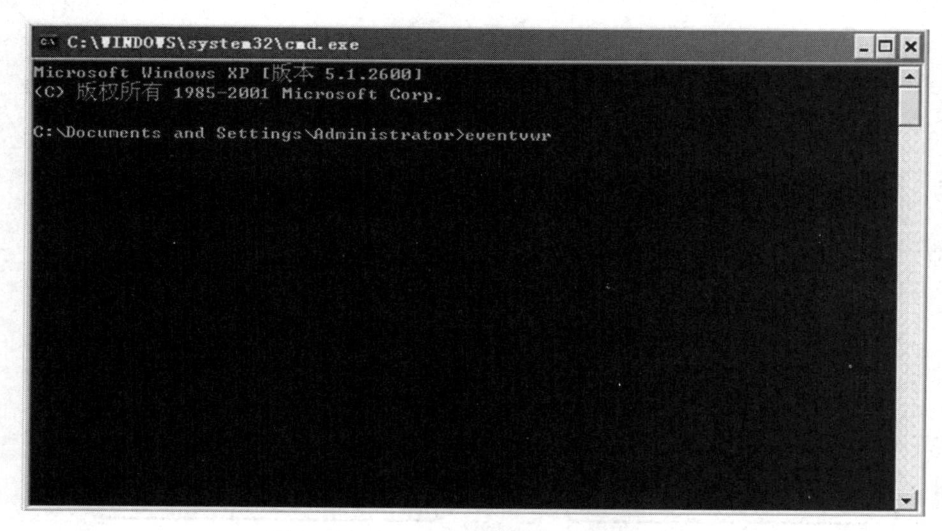

图 6-16　Windows 操作系统的信息收集

2. Linux 操作系统的信息收集

对于 Linux 操作系统，日志文件一般都是 VAR/LOG 下的文件，通过 SSH 或者 FTP 保存到本地，如图 6-17 所示。

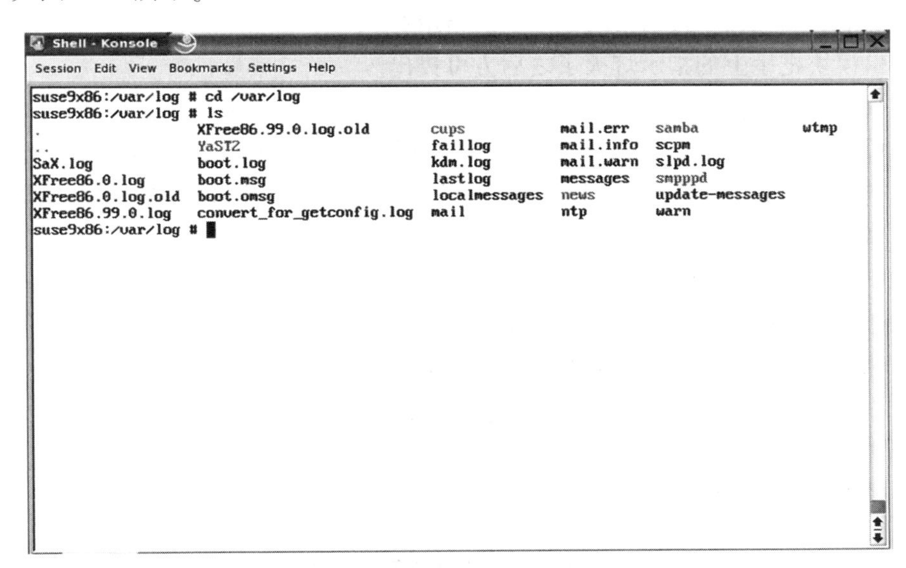

图 6-17　Linux 操作系统的信息收集

任务 6.6　部件更换

1. 部件更换前的准备

1）确认申请的备件型号和数量正确。

2）确认已经收集阵列相关信息。

3）确认客户已经备份相关数据。

4）在需要业务停机的情况下，确认客户的业务已经停止。

2. 部件更换的注意事项

1）不要直接接触电源和通信线缆的接头部分。电源和通信线缆内存在电流，接触电源和通信线缆的接头部分可能会对人造成电击。

2）控制框和硬盘框部件出现故障需要更换时，拆卸和安装部件的时间必须少于 2min。

3）在插入硬盘时，确保硬盘已经对准接口后，再均匀用力插入硬盘，否则（用力太大）可能损坏硬盘接口。

4）拆卸硬盘时，请先将硬盘从插槽中拔出一部分，待硬盘停止转动后，再将硬盘完全拔出。

5）当对硬盘进行插拔时，插拔硬盘的时间至少间隔 10s，即在拔出硬盘 10s 后再插入硬盘，或在插入硬盘至少 10s 后再拔出硬盘，避免损坏硬盘。

6）安装和更换部件过程中必须佩戴防静电腕带，防止静电对人和设备造成损伤。

7）需保持部件所在区域整洁，部件需要远离散热器等产生热量的设备。

8）避免用力过大或强行插拔等操作，以免损坏部件的物理外观或导致接插件故障。

9）确保设备良好接地。

在部件更换过程中，还需要特别注意以下事项：

1）下电前必须先按下接口模块把手上的指示灯。

2）接口模块把手上的指示灯灭了之后方可拔出。

3）插入新的接口模块，等待接口模块上电成功（指示灯变为绿色）后才可操作。

4）不可在3s内互换同一接口模块两个端口的级联线，否则可能导致扫不到盘。

5）级联口必须按上一级下行口（EXP）接下一级上行口（PRI）的连接方式进行，否则可能导致扫盘不准确。

3. 部件更换后的注意事项

1）部件更换完成后，确定新部件工作正常。

2）部件更换完成后，确认业务客户业务正常。

3）客户业务正常后，重新收集一遍信息（SM软件、信息收集工具）。

4）签署现场服务报告。

5）按照流程归还备件。

任务6.7 SAN存储系统软件升级

1. 存储系统软件升级前的准备

存储系统软件升级前的准备工作如图6-18所示。

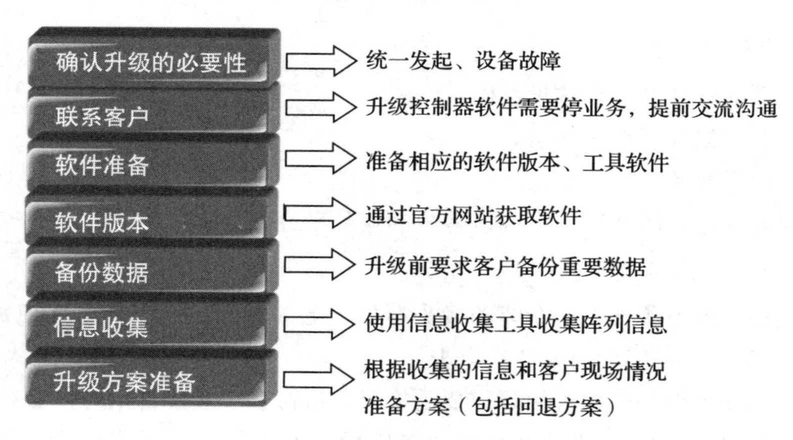

图6-18 存储系统软件升级前的准备工作

2. SAN存储系统软件升级的步骤流程以及注意事项

（1）步骤和流程

1）在做好升级前的准备工作后，即可开始升级。

2）升级的流程和步骤按照升级方案和升级指导书进行。

S2600R5、S5000R5产品的升级顺序如图6-19所示。

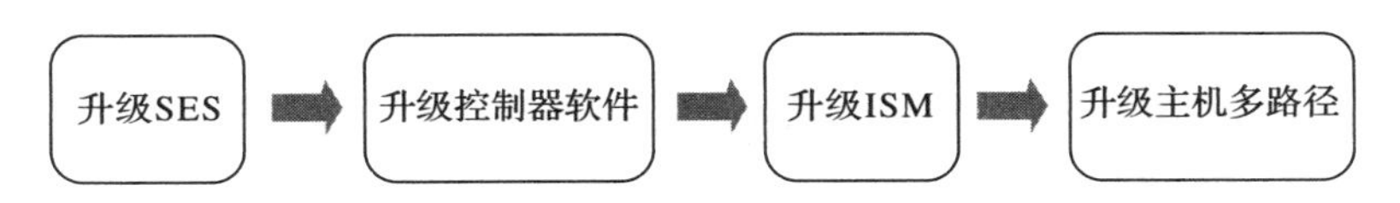

图6-19 S2600R5、S5000R5产品的升级顺序

S5000T产品的升级顺序如图6-20所示。

图6-20 S5000T产品的升级顺序

(2) 注意事项

1) 对控制器进行在线升级前，请先恢复系统存在的所有故障，并且确保两个控制器的管理网口都已经插入管理网线，保证都能够登录，在升级过程中，请不要再进行其他影响系统状态的操作，否则可能会引起业务中断。

2) 在系统开工或者插入系统盘（或管理模块）10min之后才能进行升级操作。

3) 升级时必须保证双控都从系统盘（或管理模块）正常启动；如果任何一个控制器不是从系统盘（或管理模块）启动，不能进行软件升级。

4) 系统中，在有LUN正在格式化的情况下，不能进行升级操作。

5) 系统中有硬盘休眠时不能进行升级，用户可以通过ISM设置“禁止休眠”，然后查看所有硬盘状态进行确认。

升级结束后的注意事项如下：

1) 升级结束后，确认版本是否正确。

2) 升级结束后，确认系统工作是否正常。

3) 升级结束后，确认客户业务是否正常。

4) 客户业务正常后，重新收集一遍信息（ISM软件、信息收集工具）。

5) 签署现场服务报告。

任务6.8 Call home功能简介

SAN存储系统Call home功能如下（见图6-21）：

1) 实现及时获得告警信息，做到主动维护。

2) 实现方式：通过短信、邮件发送。

3) 实现前提是设备配置短信猫和相应的SIM卡，客户现场有邮件服务器。

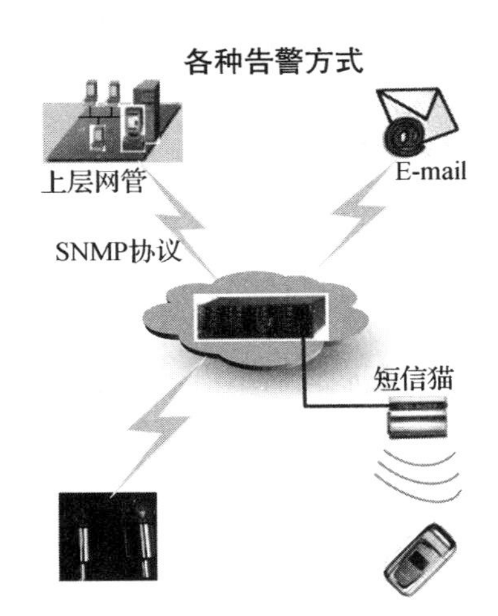

图6-21 Call home功能

任务 6.9　SAN 存储系统的故障诊断方法

1. 故障诊断原则

SAN 存储系统故障诊断原则如图 6-22 所示。

1）先诊断外部因素，后诊断内部因素：诊断故障时，应先排除外部的可能因素，如电源中断、对接设备故障等。

2）先诊断网络，后诊断网元：根据网络拓扑图，分析网络环境是否正常、互联设备是否发生故障，尽可能准确定位出是网络中哪个环节发生故障。

3）先分析高级别告警，后分析低级别告警：在分析告警时，首先分析高级别告警，如紧急告警、重要告警；然后分析低级别的告警，如提示告警。

2. 故障诊断资源

（1）指示灯

SAN 控制框提供如图 6-23 所示的指示灯作为故障诊断资源。

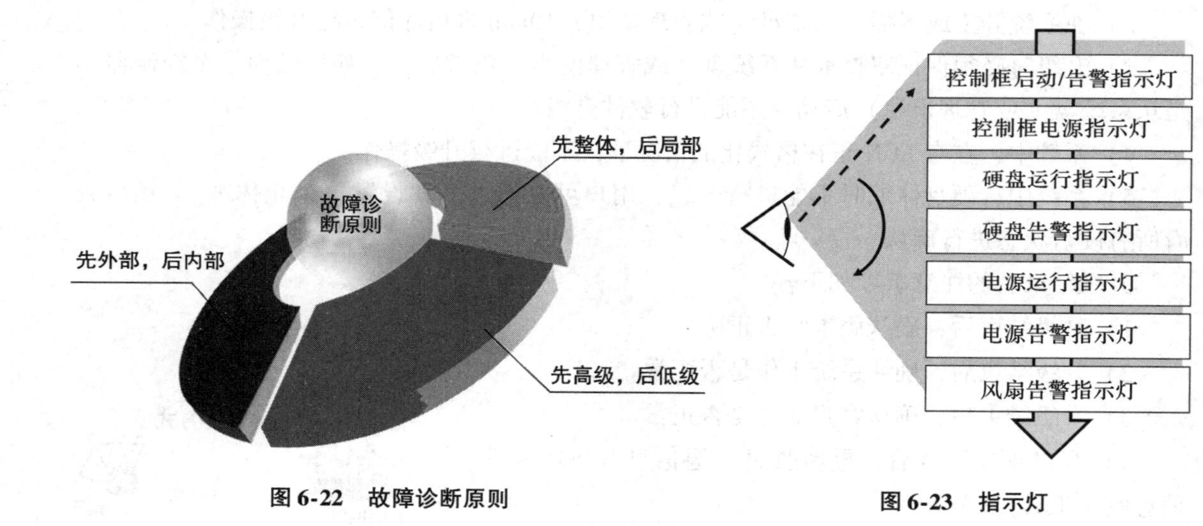

图 6-22　故障诊断原则

图 6-23　指示灯

（2）ISM 存储管理软件

浏览控制框状态。故障诊断：当系统出现故障时，ISM 故障管理模块将最新的故障信息以列表形式显示出来。通过历史告警功能可以按照不同条件组合查询历史告警信息，此外为了方便存储管理员能够及时维护、监控系统，故障管理模块还提供 E-mail、trapip、短信息和告警蜂鸣等多种故障告知方式，通知当前系统出现的故障。

ISM 存储管理软件的优点如图 6-24 所示，其可作为 SAN 控制框的诊断工具，并提供如图 6-25 所示的诊断功能。

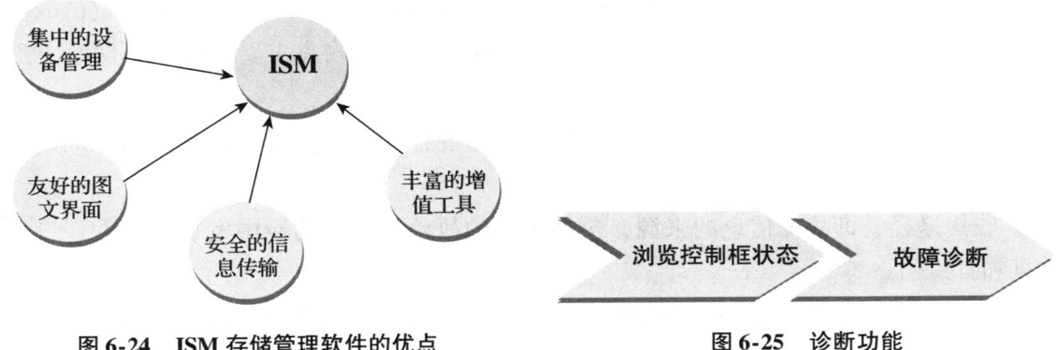

图6-24 ISM存储管理软件的优点

图6-25 诊断功能

(3) 故障诊断流程

故障诊断是指利用合理的方法，逐步找出产生故障的原因并解决故障，其基本思想是将可能的故障原因所构成的大集合缩减（或隔离）为若干个小的子集，从而使问题的复杂度下降。故障诊断流程如图6-26所示。

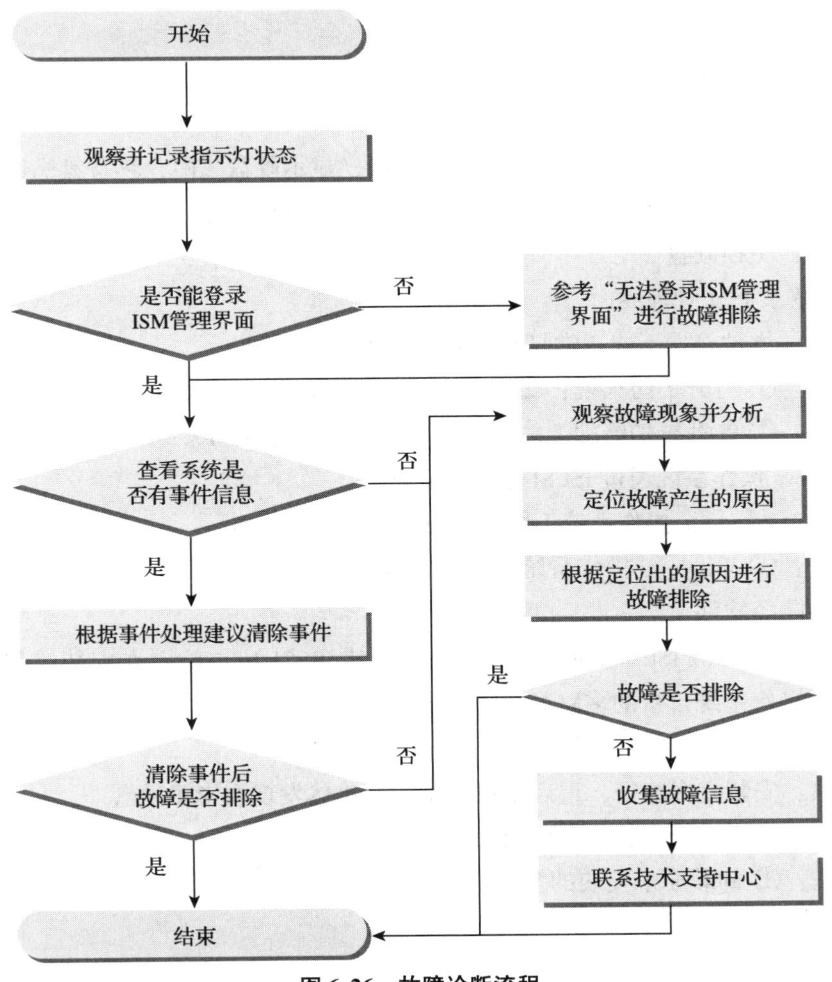

图6-26 故障诊断流程

1）收集信息。全面、完整的故障信息有利于缩小故障的范围，加快判断、定位故障的速度和准确性，提高排除故障的效率。在故障诊断中，信息收集主要考虑以下两个方面的内容：

① 收集对象，即所需要收集的信息范围，包括硬件和软件版本、故障时间和周期、故障前的操作等。

② 收集途径，即故障信息的来源，包括用户的故障申告、巡检中发现的异常、设备状态信息和日志信息等。

2）判断故障。在获取充分的故障信息后，初步判断故障的范围和种类，确定故障的范围是所有业务发生故障，还是部分业务发生故障。

3）排除故障。采取适当的措施或步骤清除故障，恢复系统，包括如下基本方法：

① 检修线路。

② 更换部件。

③ 修改配置数据。

④ 复位系统。

（4）常见故障的处理

1）硬盘亮红灯。

故障现象：① 硬盘亮红灯；② 登录管理界面，显示硬盘故障，热备盘已经启用。

故障分析：通过硬件观察和 ISM 界面观察，可以判断硬盘故障。

解决办法：更换硬盘。

2）无法登录 ISM 管理界面。

故障现象：维护终端不能正常打开 ISM 登录框。

故障分析：① 打开了防火墙；② JRE 的版本与 ISM 软件要求的版本不同。

解决办法：① 卸载维护终端上的旧版本 JRE；② 安装 ISM 要求的新版本 JRE。

3）Windows 操作系统通过 iSCSI 连接不正常。

故障现象：Windows 操作系统不能识别 iSCSI 连接的 LUN。

故障分析：① Windows 操作系统与存储阵列间的网络不正常；② 启用了 Windows 操作系统自带的多路径软件。

解决办法：① 卸载 iSCSI Initiator；② 重新安装 iSCSI Initiator，在安装过程中注意不要勾选 Windows 操作系统自带的多路径功能 MP10。

4）多路径安装后仍然有双倍硬盘。

故障现象：安装完多路径，重启主机系统后，仍然发现有影子硬盘。

故障分析：主机系统安装的多路径版本不正确。

解决办法：① 卸载原来安装的多路径软件版本并重启系统；② 重新安装正确版本的多路径软件并重启系统。

任务 6.10　SAN 存储产品日常维护实验

1. 实验目标

熟练掌握故障诊断信息的采集和保存。

2. 实验时间

本实验要求 2h 内完成。

3. 实验环境搭建与组网

实验组网及硬件结构如图 6-27 所示。维护终端（PC 终端）配置的 IP 地址与 S2600 的管理端口地址在同一网段。

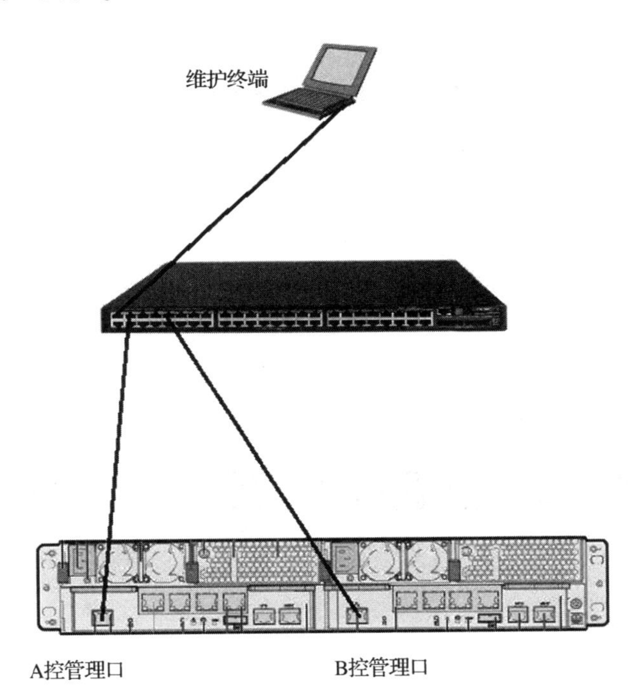

图 6-27　实验组网及硬件结构

4. 实验硬件与软件版本

硬件设备：S2600 3 台，交换机 1 台，网线若干。

软件版本：S2600 V100R005。

资源要求：内存大于或等于 1GB，硬盘空间大于 40GB。

维护终端支持操作系统：Windows XP/2003 及以上版本。

5. 实验具体步骤

本实验的前提是已经对 S2600 有了一定的了解，熟悉 S2600 的组成，掌握通过 ISM 管理软件对 S2600 的管理。通过本实验可以掌握各类信息采集方法，这对于故障情况下的故障定位非常重要。

1）登录 ISM 管理界面，在导航栏中单击“系统配置”项，在右边操作区中单击“导出配置数据”，如图 6-28 所示。

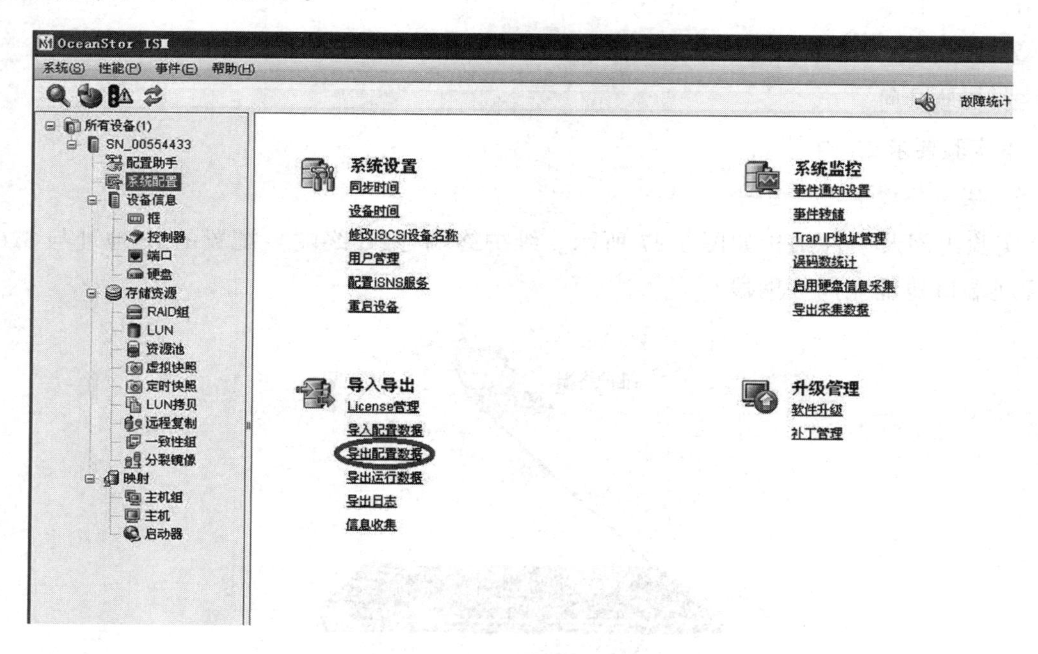

图 6-28　导出配置数据

2）打开“导出配置数据”对话框，将导出数据保存在本地目录下，如图 6-29 所示。

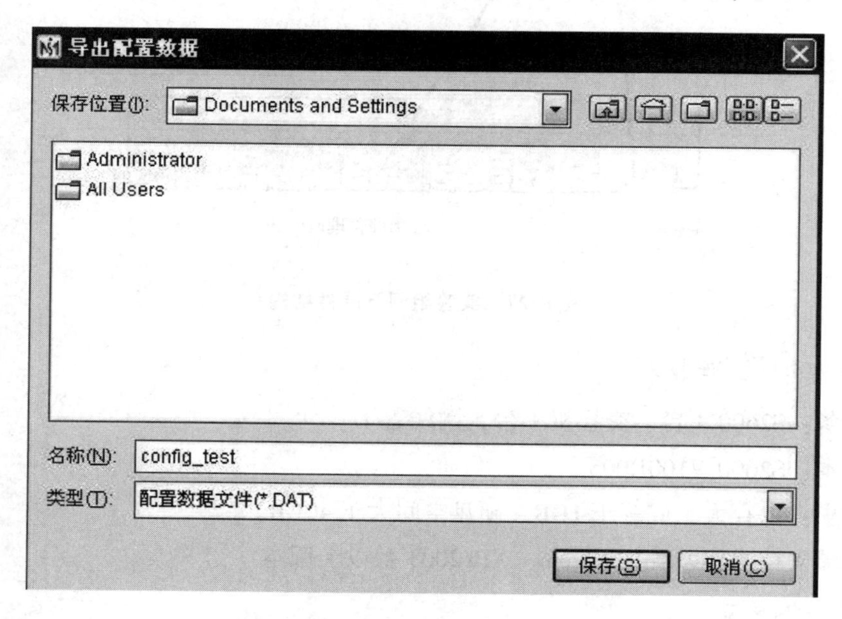

图 6-29　保存配置数据

注意： ① 存储设备导出的配置数据文件类型是 *. DAT，请勿更改配置文件内容。② 在导出配置数据的过程中，不能进行其他操作。

3）在管理界面右边的操作区中单击“导出运行数据”，如图 6-30 所示。

图 6-30　导出运行数据

4）打开“导出运行数据”对话框，将运行数据保存在本地目录下，如图 6-31 所示。

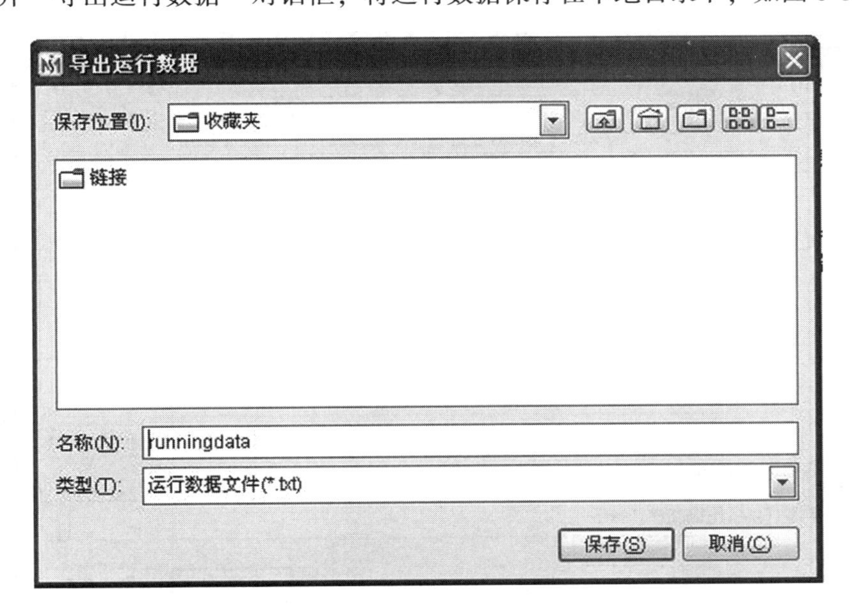

图 6-31　保存运行数据

注意： 存储设备导出的运行状态数据文件类型是 *. txt，请勿更改导出的运行数据文件内容。

5）在管理界面右边的操作区中单击“导出日志”，如图6-32所示。

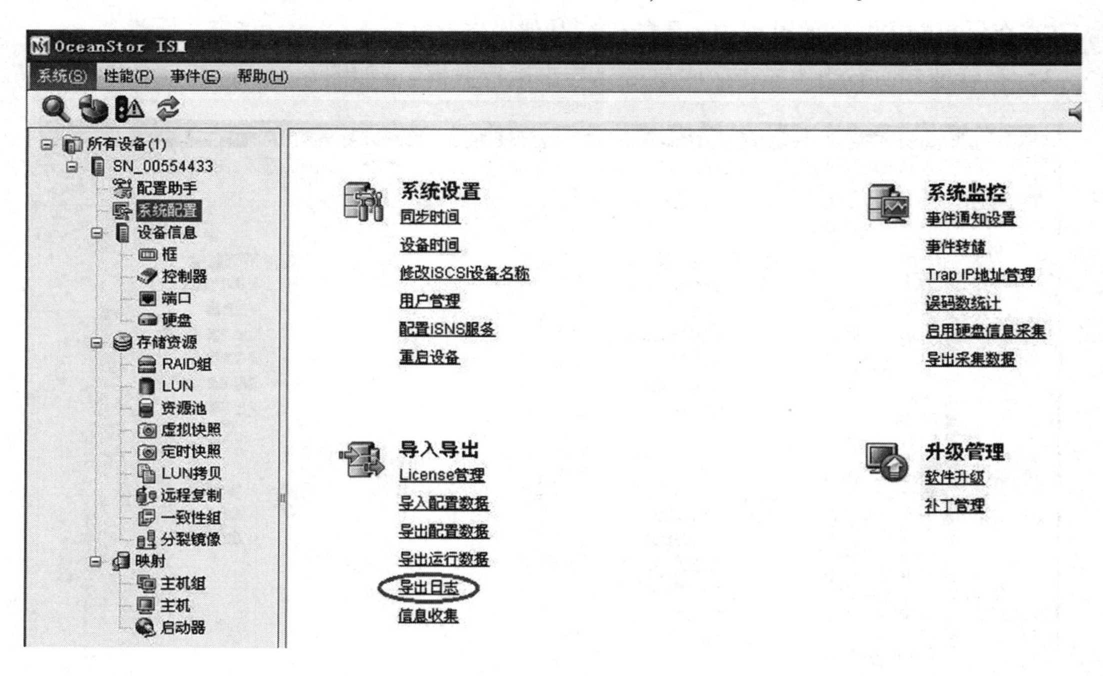

图6-32　导出日志

6）打开“导出日志”对话框，将导出日志保存在本地目录下，如图6-33所示。

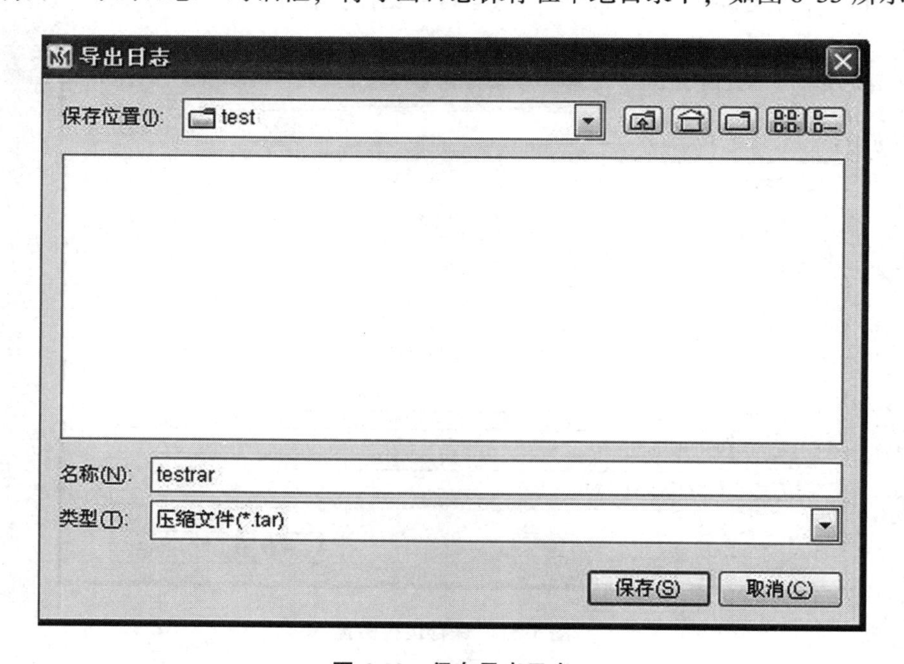

图6-33　保存导出日志

7）在管理界面右边的操作区中单击“信息收集”，如图 6-34 所示。

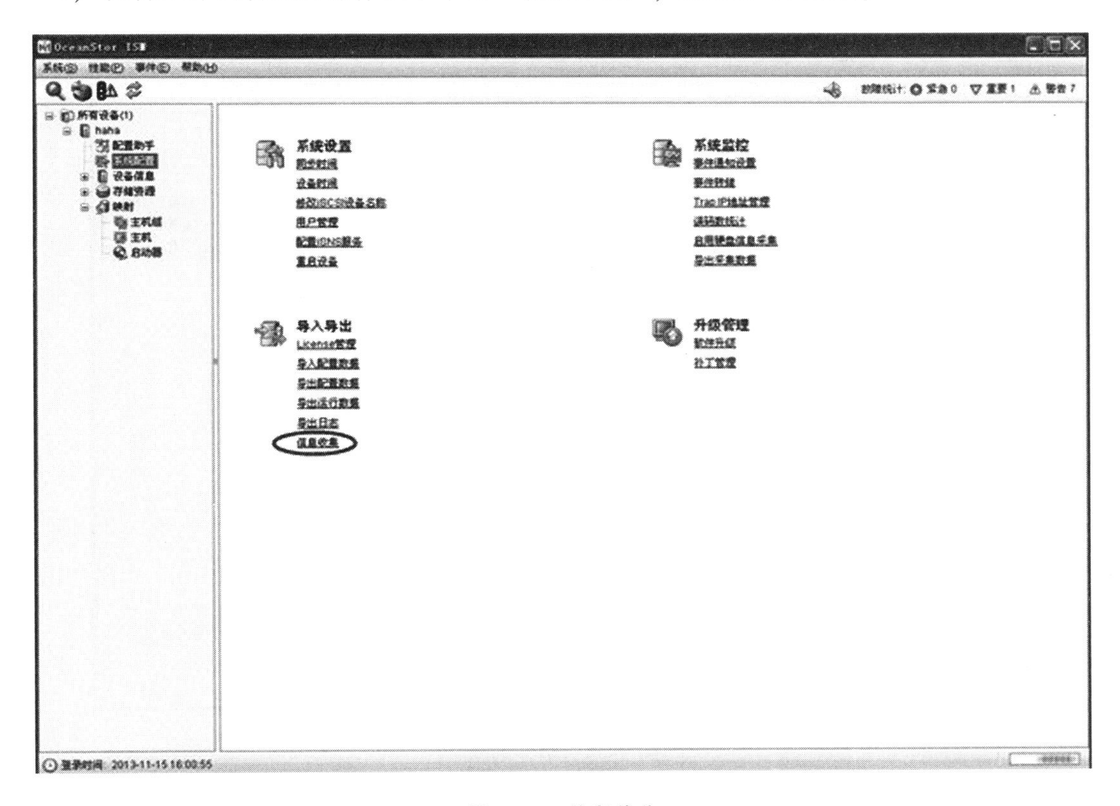

图 6-34　信息收集

8）打开信息收集提示框，如图 6-35 所示，单击“确定”按钮。

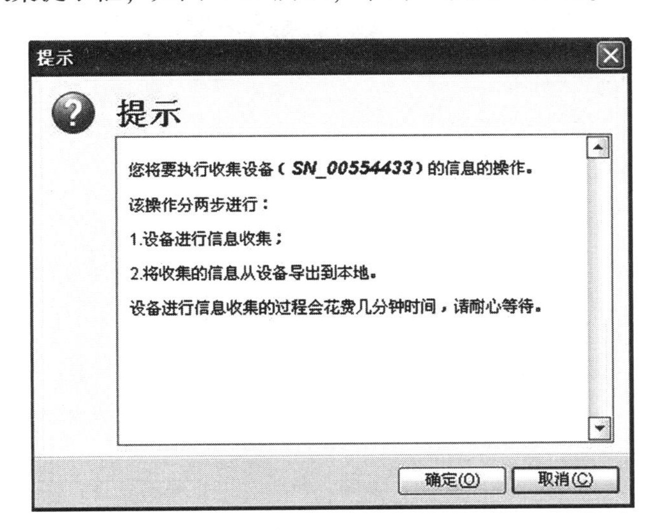

图 6-35　信息收集提示框

9）打开“事件管理”对话框，显示当前事件列表，如图 6-36 所示。

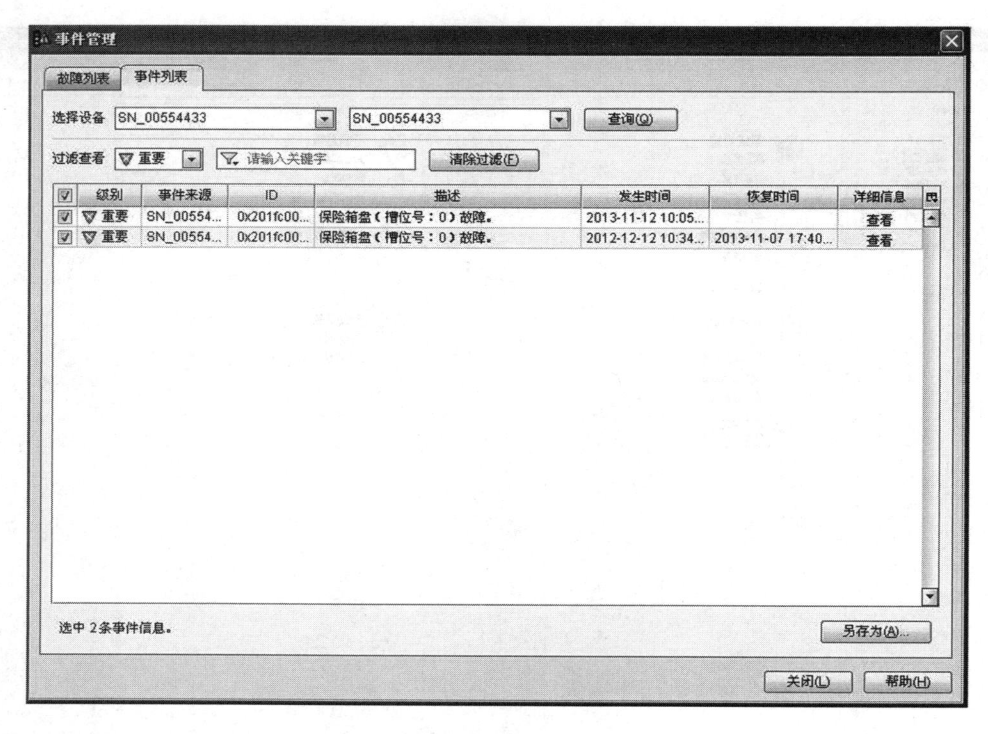

图 6-36　事件列表

10）选择事件，单击“另存为”按钮，打开“事件保存”对话框，将事件信息保存在本地目录下，如图 6-37 所示。

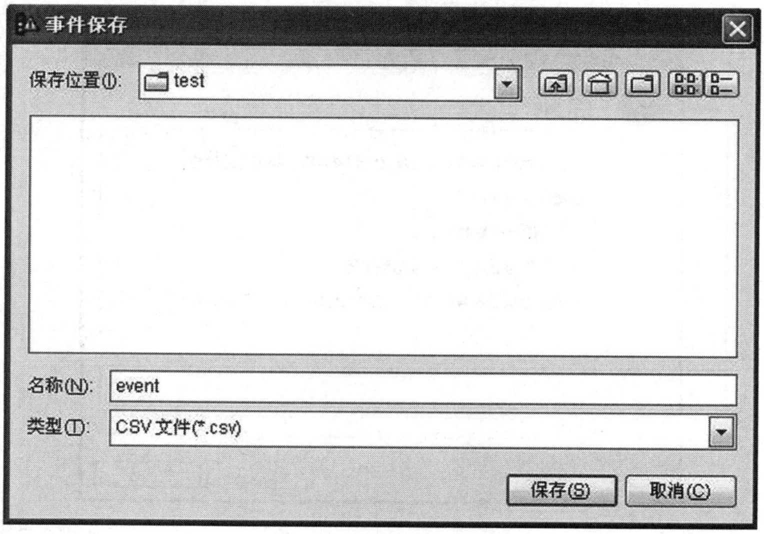

图 6-37　保存事件信息

任务6.11　SAN存储产品部件更换实验

1. 实验目标

1）熟练掌握存储产品的部件更换。

2）熟练掌握存储产品部件更换前的注意事项。

3）熟练掌握存储产品部件更换后的注意事项。

2. 实验时间

本实验要求1h内完成。

3. 实验环境搭建与组网

SAN存储产品部件更换组网与硬件结构如图6-38所示。

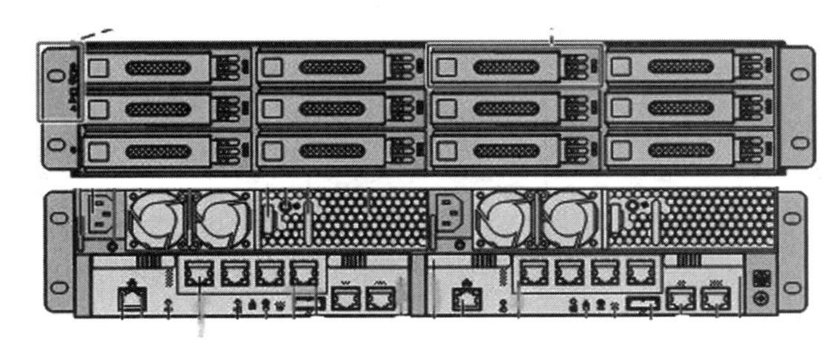

图6-38　SAN存储产品部件更换组网与硬件结构

4. 实验硬件与软件版本

硬件设备：S2600 3台。

软件版本：S2600V100R005。

工具：防静电手腕带、十字螺钉旋具。

5. 实验具体步骤

(1) 控制器的更换

控制器的拆卸步骤如下：

1）佩戴防静电手腕带、防静电手套和防静电服。

2）拔出连接在待更换控制器上的线缆。

3）按如图6-39所示箭头方向完全打开控制器左、右的助力扳手，拔出控制器。

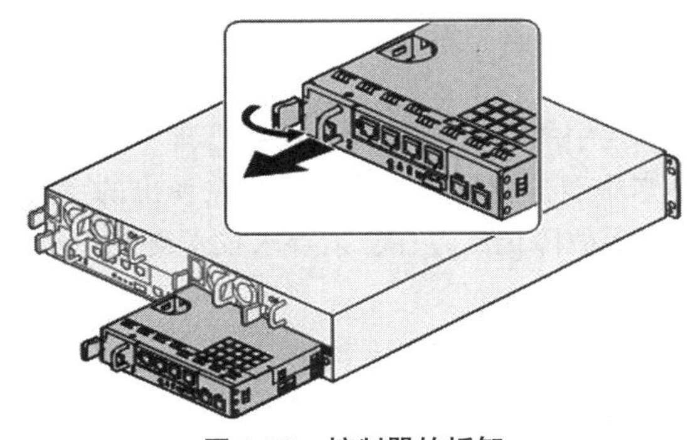

图6-39　控制器的拆卸

注意：① 硬件拆卸前请保证设备已经断电。

② 拔插控制器时用力要均匀，避免用力过大或强行拔插等操作，以免损坏部件的物理外观或导致接插件故障。

③ 更换控制器时，拆卸和安装控制器的时间必须少于 2min。

思考题：S2600 有几种控制器类型？他们之间有哪些不同？其每种接口有何不同用途？

控制器的安装步骤如下：

1）佩戴防静电手腕带、防静电手套。

2）将新的控制器模块从防静电包装袋中取出。

3）如图 6-40 步骤①所示，将新的控制器模块插入空槽。

4）如图 6-40 步骤②所示，合上控制器模块左、右扳手。

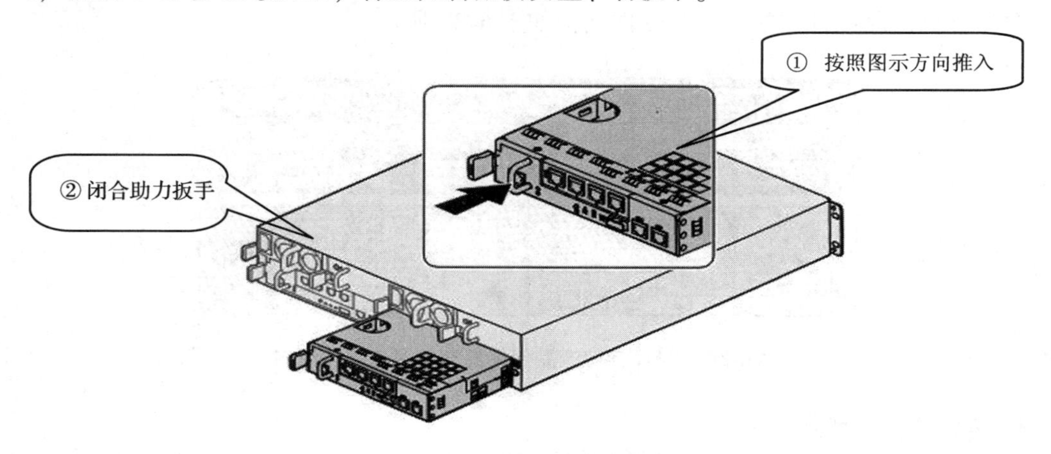

图 6-40　控制器的安装

5）根据拆卸控制器前标识的线缆位置，连接线缆。

6）根据控制器模块电源指示灯和告警指示灯的状态，判断安装是否成功。由于控制器启动的过程需要 5 ~ 8min，请耐心等待至控制器完全启动，再根据指示灯的状态判断控制器是否安装成功。控制器模块电源指示灯亮且故障指示灯熄灭，表示安装成功；控制器电源指示灯熄灭或告警指示灯亮，如果是刚安装的，则控制器可能安装错误，请拔出控制器重新插入。

登录 OceanStor ISM 存储管理软件，在导航栏中单击“控制框”项，查看各组件的状态是否正常。

状态正常：安装成功，此时，选择菜单栏中的“故障 ”→“故障管理”命令，打开“故障管理”对话框，在“故障列表”选项卡相应事件的“恢复时间”栏中会显示出该条事件恢复的时间。

状态不正常：选择菜单栏中的“故障”→“故障管理”命令，打开“故障管理”对话框，在“故障列表”选项卡中双击相应的故障条目，在弹出的“告警详细信息”对话框中按照修复建议修复故障。如果故障仍然存在，请寻求技术支持。

（2）硬盘的更换

硬盘的拆卸步骤如下：

1）佩戴防静电手腕带、防静电手套和防静电服。

2）如图 6-41 步骤①所示，按箭头方向按下拉手上的卡扣。

3）如图 6-41 步骤②所示，打开拉手。

4）如图 6-41 步骤③所示，拔出故障硬盘模块。

5）将取出的硬盘模块放入防静电包装袋。

6）等待 1min，登录 OceanStor ISM，选择菜单栏中的“告警”→“告警管理”命令，打开“告警管理”对话框，在“当前告警”选项卡中确认硬盘模块已经被拔出。

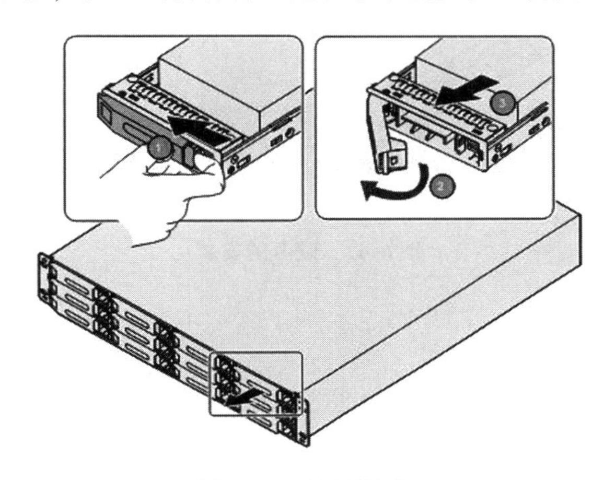

图 6-41　硬盘的拆卸

思考题： S2600 支持哪几种类型硬盘？硬盘的差异主要体现在哪几个方面？不同硬盘是如何与控制框的背板相连的？

硬盘的安装步骤如下：

1）仔细阅读“安全注意事项”。

2）如图 6-42 步骤①所示，将新硬盘模块插入空槽。

3）如图 6-42 步骤②所示，合上拉手。当硬盘启动时，硬盘运行指示灯闪烁，表明数据正在恢复到刚安装的硬盘。

4）根据硬盘运行指示灯及告警指示灯的状态，判断安装是否成功。硬盘运行指示灯亮、告警指示灯熄灭，表示安装成功。硬盘的告警指示灯亮，说明硬盘模块可能安装不正确，请拔出硬盘模块，等待 1min，然后重新安装该硬盘模块。重新安装后，如果硬盘的告警指示灯依然亮，则刚安装的硬盘模块可能有缺陷，请用另一块硬盘模块替换缺陷硬盘模块。

等待 1min，登录 OceanStor ISM 存储管理软件，选择“物理视图”，在导航栏中选择“控制框”项，查看各组件的状态是否正常。

状态正常：完成安装。此时，选择菜单栏中的“故障”→“故障管理”命令，打开“故障管理”对话框，在“事件列表”选项卡相应事件的“恢复时间”栏中会显示出该条事件恢复的时间。

状态不正常：在 OceanStor ISM 的菜单栏上，选择“故障”→“故障管理”命令，打开“故障管理”对话框，在“故障列表”选项卡中双击相应的故障条目，在弹出的“告警详细信息”对话框中按照修复建议修复故障，如果故障仍然存在，请寻求技术支持。

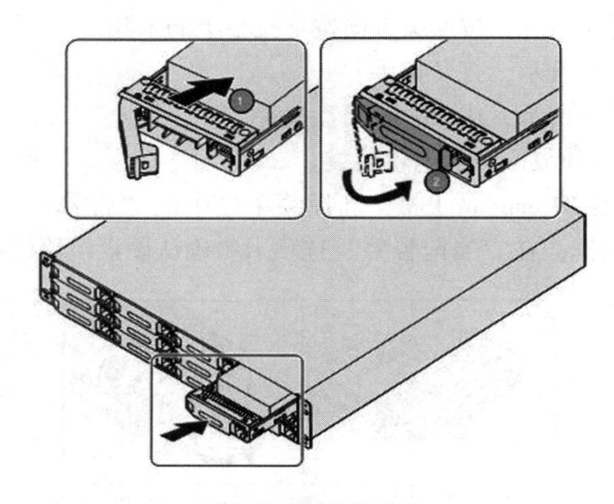

图 6-42　硬盘的安装

(3) 电源模块的更换

电源模块的拆卸步骤如下：

1) 佩戴防静电手腕带、防静电手套和防静电服。

2) 拔出电源线。

3) 如图 6-43 所示，按箭头方向压住电源模块扳手，拉住电源模块拉手，将电源模块拔出。

4) 将取出的电源模块放入防静电包装袋。

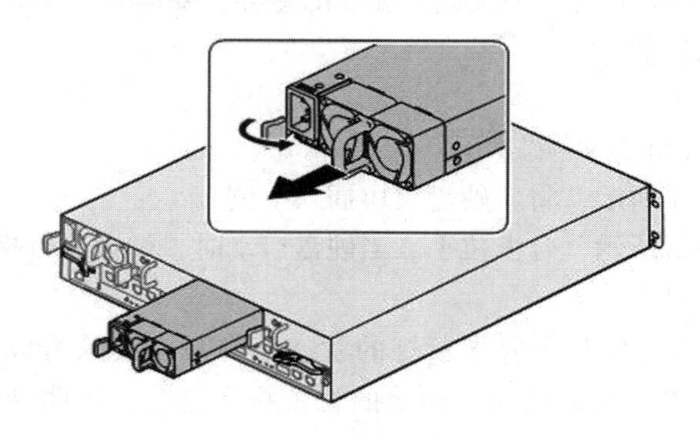

图 6-43　电源模块的拆卸

电源模块的安装步骤如下：

1) 仔细阅读“安全注意事项”。

2) 将待安装的电源模块从防静电包装袋中取出。

3) 如图 6-44 所示，将待安装的电源模块插入空槽。

4) 插上电源线。

5) 根据电源运行/告警指示灯的状态，判断安装是否成功。电源模块的电源运行/告警指示灯亮且为绿色，表示安装成功。电源模块的电源运行/告警指示灯亮且为橙色或电源运行/告警指示灯熄灭，则说明刚安装的电源模块可能安装错误，请拔出电源模块后再重新安装。

等待 1min，登录 OceanStor ISM 存储管理软件，选择“物理视图”，在导航栏中选择

“控制框”项，查看各组件的状态是否正常。

状态正常：完成安装。

状态不正常：在 ISM 界面中查看告警统计栏中的信息。

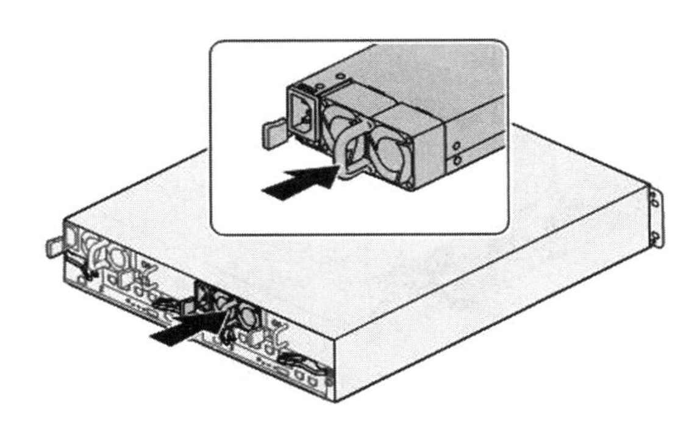

图 6-44　电源模块的安装

（4）风扇模块的更换

风扇模块的拆卸步骤如下：

1）佩戴防静电手腕带、防静电手套和防静电服。

2）如图 6-45 所示，按箭头方向压住风扇模块扳手，拉住风扇模块拉手，将风扇模块拔出。

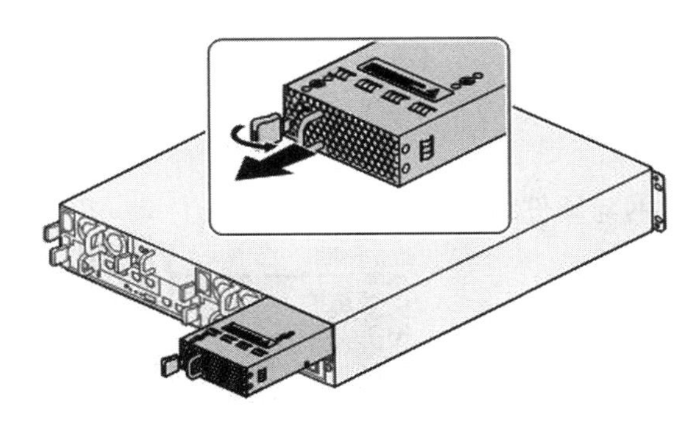

图 6-45　风扇模块的拆卸

思考题：S2600 支持哪两种类型的电源模块？

风扇模块的安装步骤如下：

1）将待安装的风扇模块从防静电包装袋中取出。

2）如图 6-46 所示，将待安装的风扇模块插入空槽。

3）根据风扇运行/告警指示灯的状态，判断安装是否成功。风扇模块的风扇运行/告警指示灯亮且为绿色，表示安装成功。风扇模块的风扇运行/告警指示灯亮且为红色或风扇运行/告警指示灯熄灭，则说明刚安装的风扇模块可能安装错误，请拔出风扇模块重新安装。

等待 1min，登录 OceanStor ISM 存储管理软件，选择“物理视图”，在导航栏中选择“控制框”项，查看各组件的状态是否正常。

状态正常：完成安装。

状态不正常：在 ISM 界面中查看告警统计栏中的信息。

注意：设备在更换完成，确认业务正常后，重新导出配置信息。

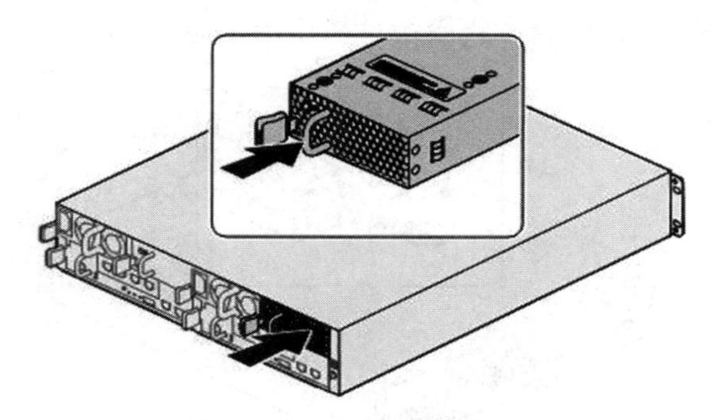

图 6-46　风扇模块的安装

6. 思考与练习

部件更换完成后，需要有哪些后续流程和操作？

任务 6.12　SAN 存储产品升级实验

1. 实验目标

熟练掌握 SAN 存储产品的升级步骤和流程。

2. 实验时间

本实验要求 1h 内完成。

3. 实验环境搭建与组网

SAN 存储产品升级组网与硬件结构如图 6-47 所示。

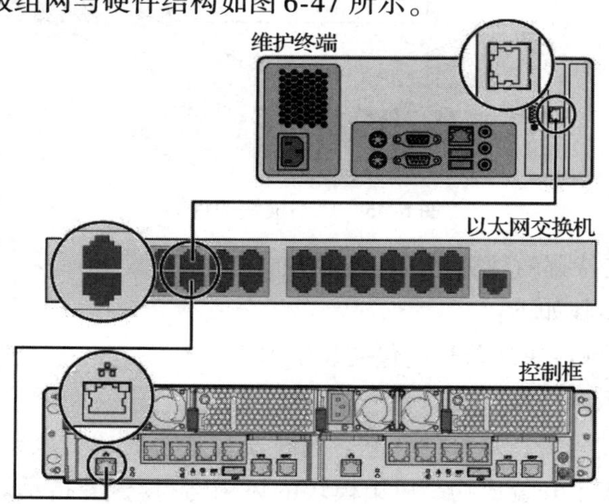

图 6-47　SAN 存储产品升级组网与硬件结构

4. 实验硬件与软件版本

硬件设备：S2600 3 台。

软件版本：S2600V100R005，需要升级的最新软件包。

5. 实验具体步骤

(1) 最新软件版本获取

登录官网 www. huawei. com，下载最新的软件包。

(2) SES 升级

注意：① 设备在升级前，请务必确保导出了配置信息。

② 设备在升级后，确认业务和设备正常后，请务必确保导出了最新的配置信息。

1) 在 OceanStor ISM 系统界面的导航栏中选择需要进行升级的存储阵列或存储阵列节点下的组件，如图 6-48 所示。

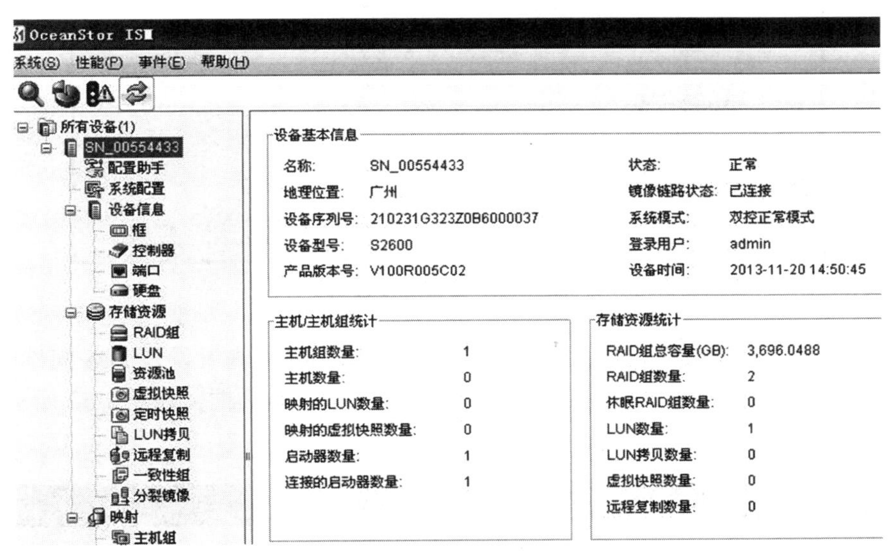

图 6-48　待升级的设备

2) 选择存储设备下的“系统配置”节点，在右侧操作区中单击“软件升级”，如图 6-49所示。

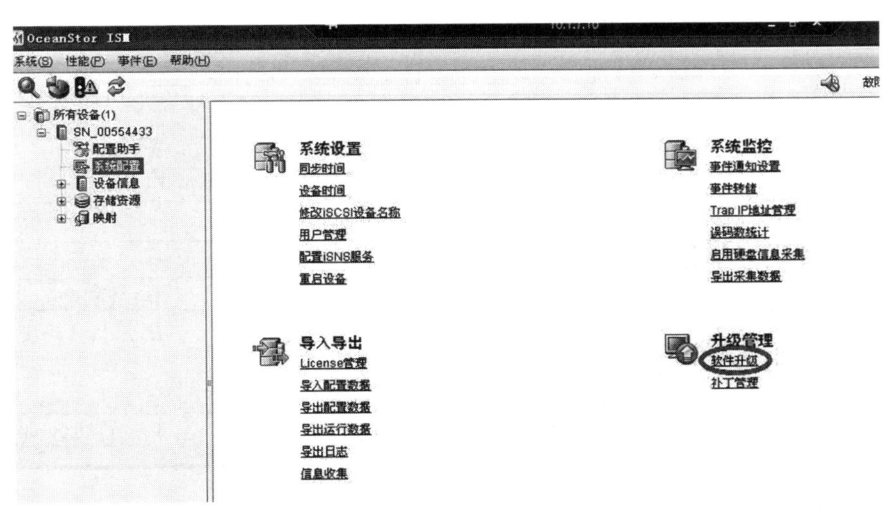

图 6-49　软件升级

3）打开软件升级向导，选中“SES 固件”单选按钮，如图 6-50 所示。

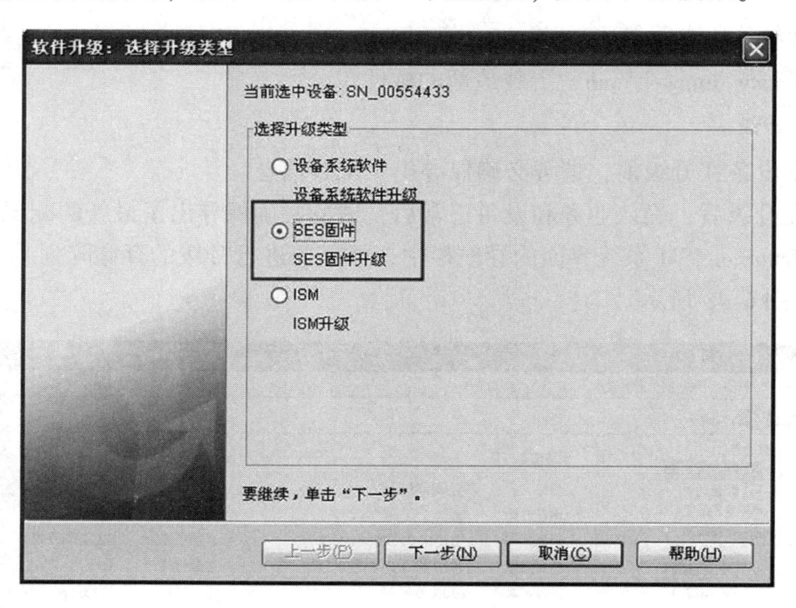

图 6-50　选择升级类型

4）单击“下一步”按钮，进入“选择升级文件包”界面查看设备 SES 固件版本信息，如图 6-51 所示。单击“选择”按钮，打开“选择升级包”对话框，如图 6-52 所示，选择系统升级包文件，单击“打开”按钮。

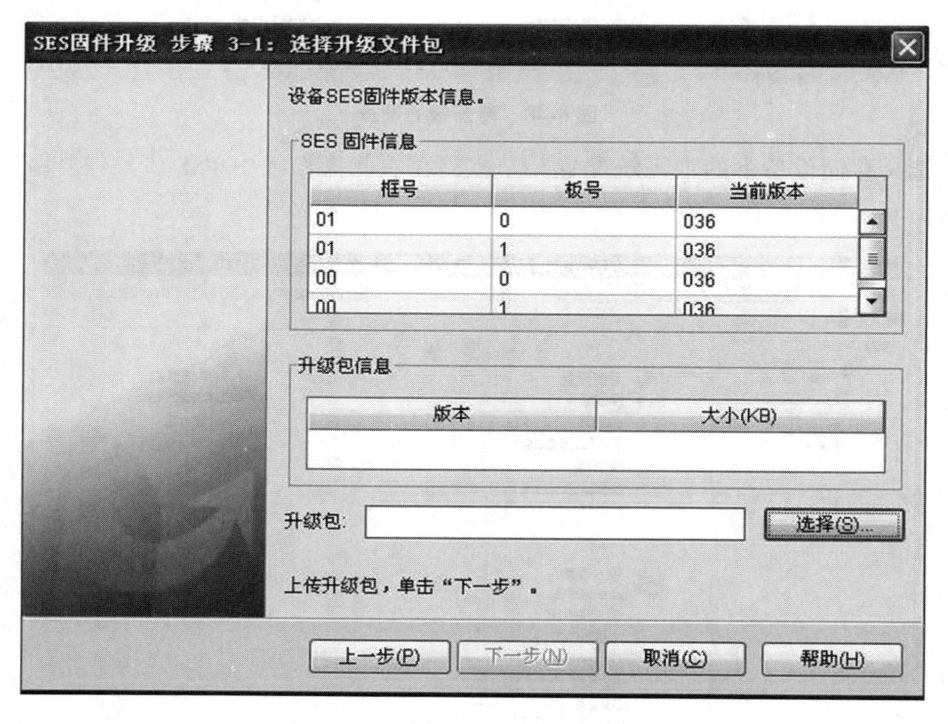

图 6-51　查看设备 SES 固件版本信息

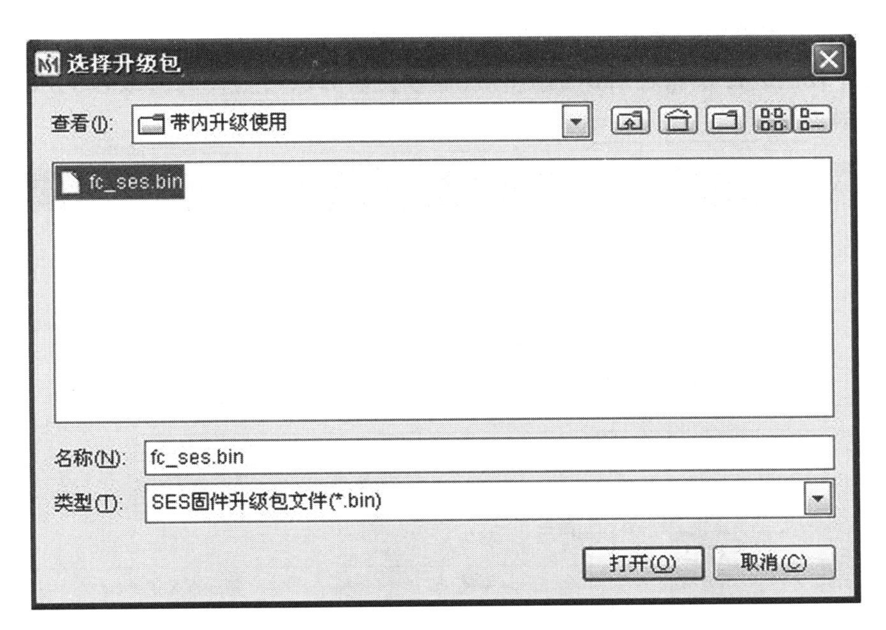

图 6-52　选择升级包

5）单击“下一步”按钮，弹出警告框，确认升级包是否正确，如图 6-53 所示。单击“确定”按钮，系统开始上传升级文件包。

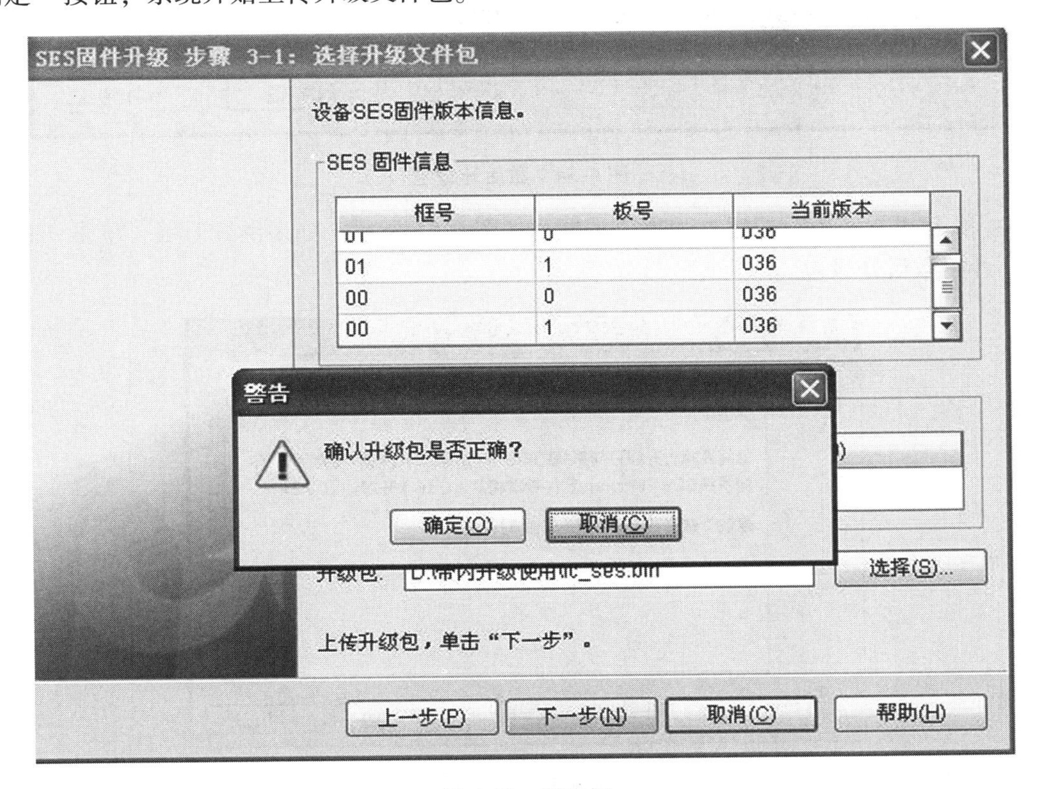

图 6-53　警告框

6）提示上传完成后，单击“下一步”按钮，进入“激活升级包”界面，界面显示出系统对上传的升级包进行校验之后识别出的版本号，请确认与上传的升级包的版本号是否一致，如图 6-54 所示。

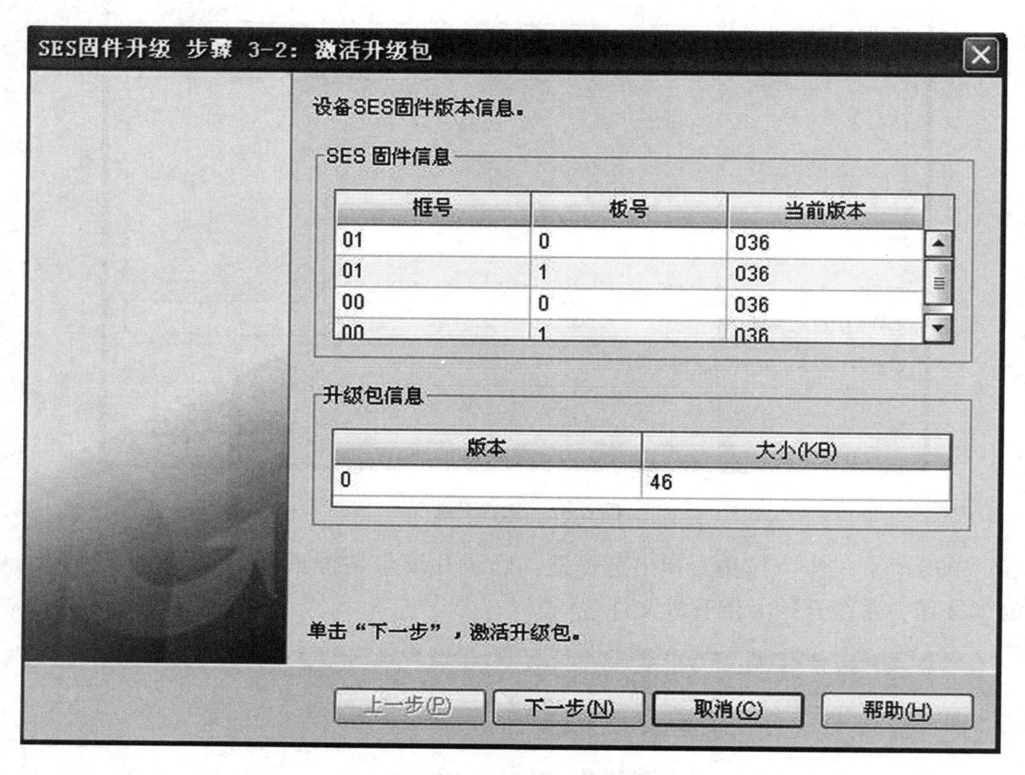

图 6-54　激活升级包

7）单击“下一步”按钮，弹出提示框，如图 6-55 所示。如果继续升级，单击“确定”按钮，开始激活升级包。

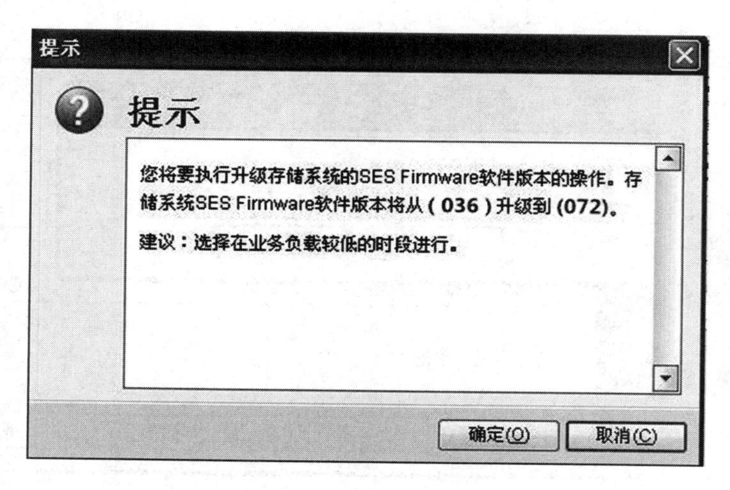

图 6-55　提示框

8）升级完成之后，进入“升级完成”界面，确认此时 SES 固件的版本与升级包选择的固件版本是否一致。

9）单击“完成”按钮，完成升级操作。

注意：SES 只需要在主控完成升级，SES 在升级过程中不中断业务，在业务压力小的情况下对业务不产生影响。SES 升级完成后按照验证项目检查表进行验证，SES 升级后验证项目检查表见表 6-2。

表 6-2　SES 升级后验证项目检查表

序　号	验证项目	验证标准	验证结果
1	版本核对	在 ISM 界面确认两个控制板和级联板的 SES 固件已经升级为新的版本	验证结果与需要升级的版本一致
2	同用户确认升级后业务是否正常	配合用户进行检查	升级后各项业务正常

（3）控制器软件升级

1）通过 ISM 登录控制器，选择需要升级的存储阵列。选择存储设备下的“系统配置”节点，在右侧操作界面中单击“软件升级”。

2）打开软件升级向导，选择升级类型为“设备系统软件”，如图 6-56 所示。

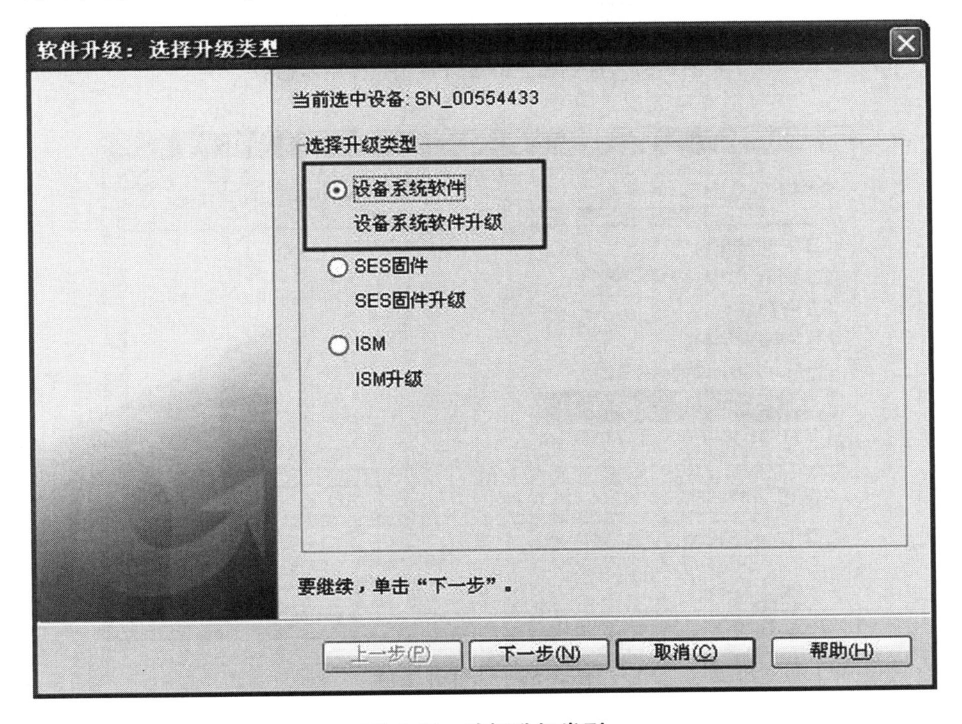

图 6-56　选择升级类型

3）单击“下一步”按钮，打开“选择升级文件包”界面查看控制器上的设备系统软件版本信息，如图 6-57 所示。单击“选择”按钮，打开“选择升级包”对话框，选择正确的升级包文件之后，单击“打开”按钮，如图 6-58 所示。

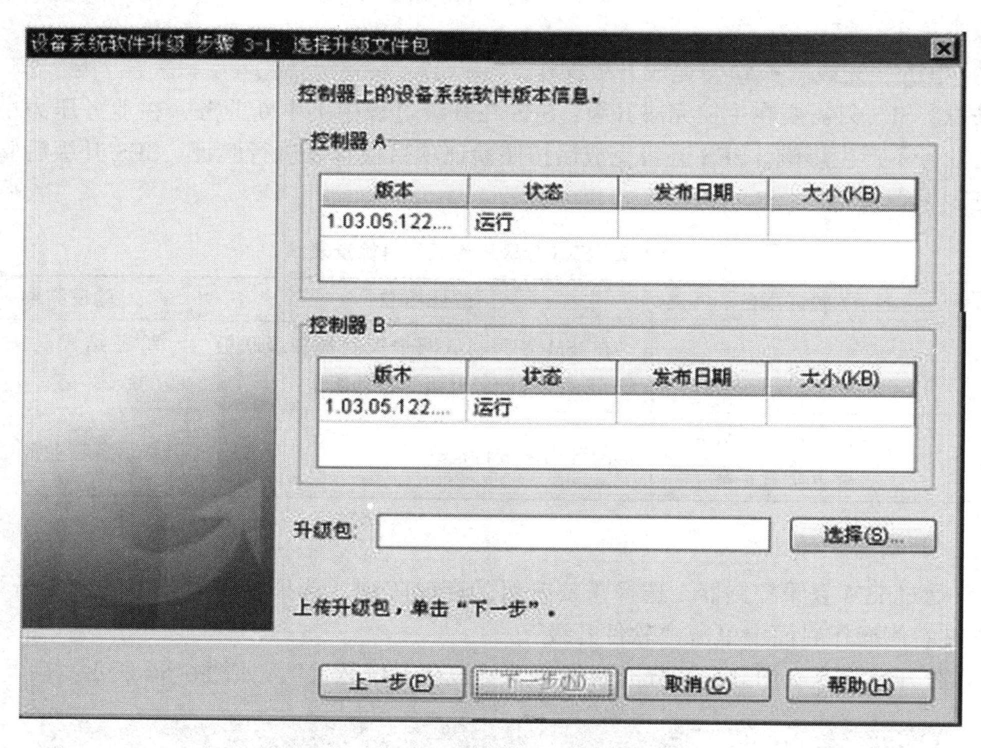

图 6-57　控制器上的设备系统软件版本信息

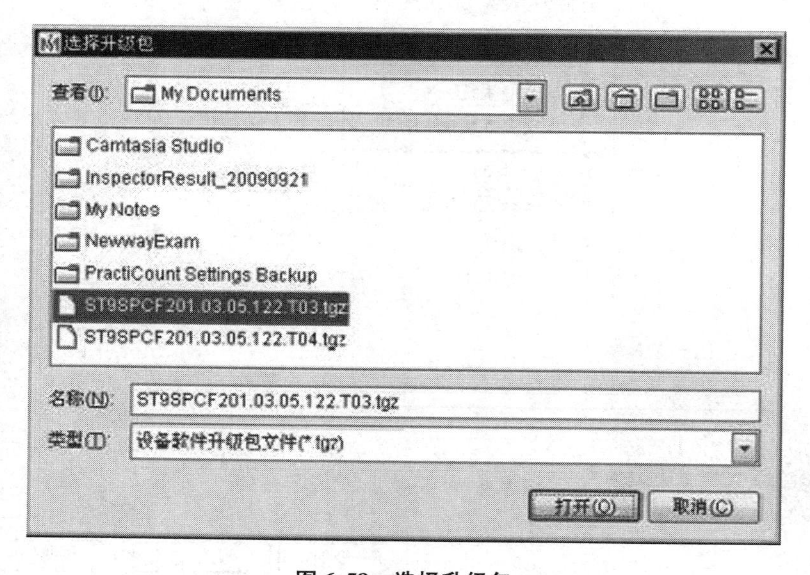

图 6-58　选择升级包

4）单击“下一步”按钮，弹出警告框，确认升级包是否正确，如图 6-59 所示。单击“确定”按钮。

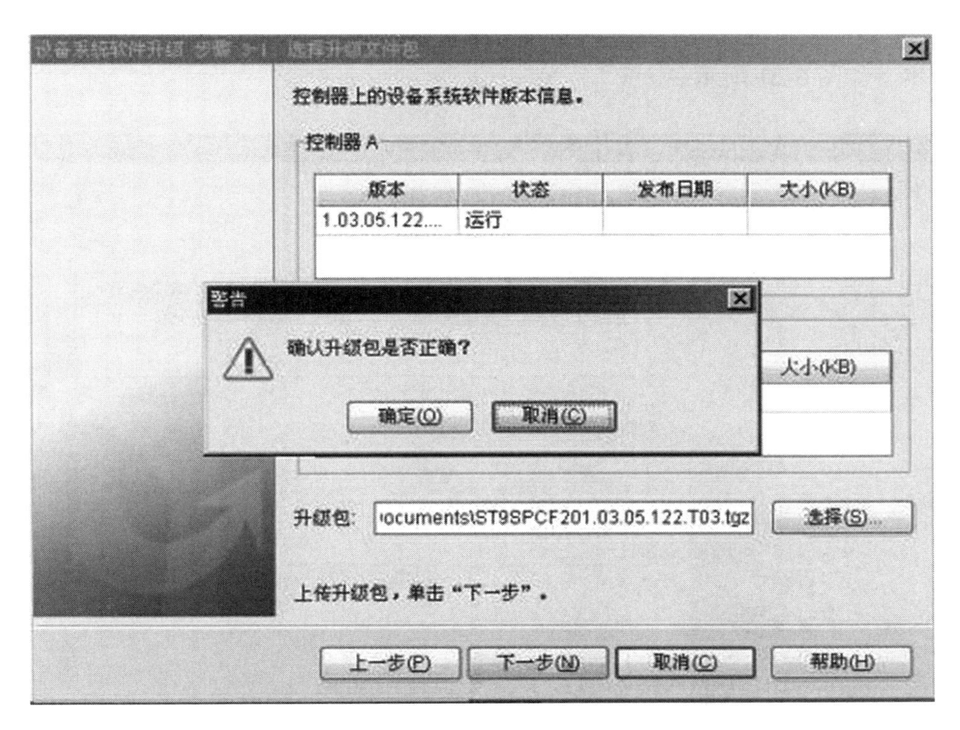

图 6-59 警告框

5）系统开始上传升级包，如图 6-60 所示。

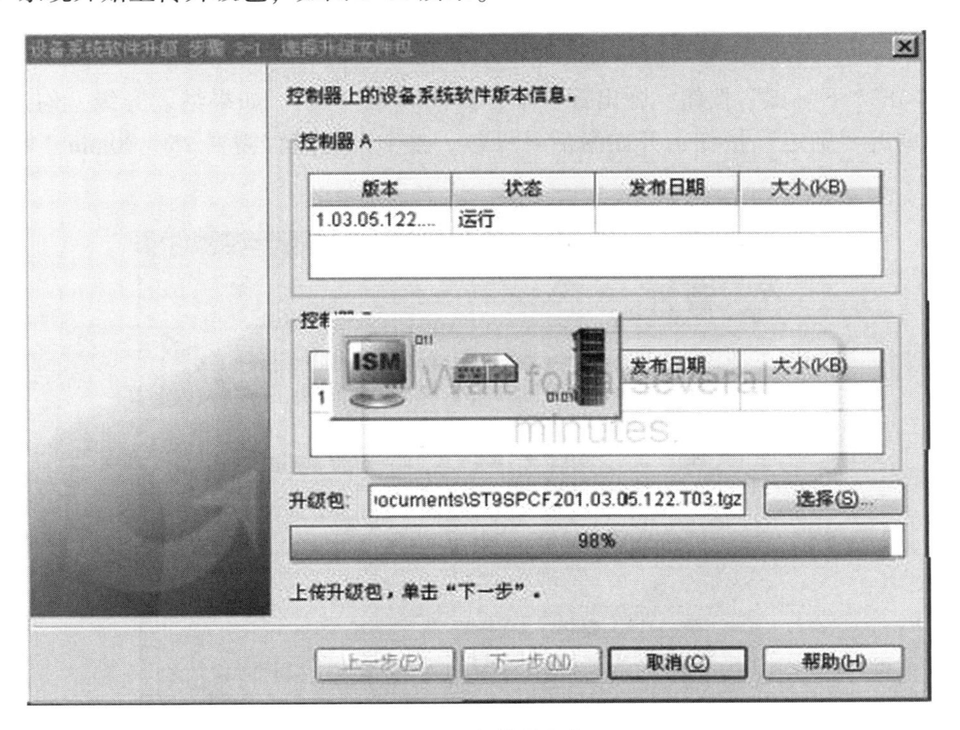

图 6-60 上传升级包

6）上传完成后，进入“激活升级包”界面，提示激活升级包。此时，请查看并确认升级包的版本，如图 6-61 所示。

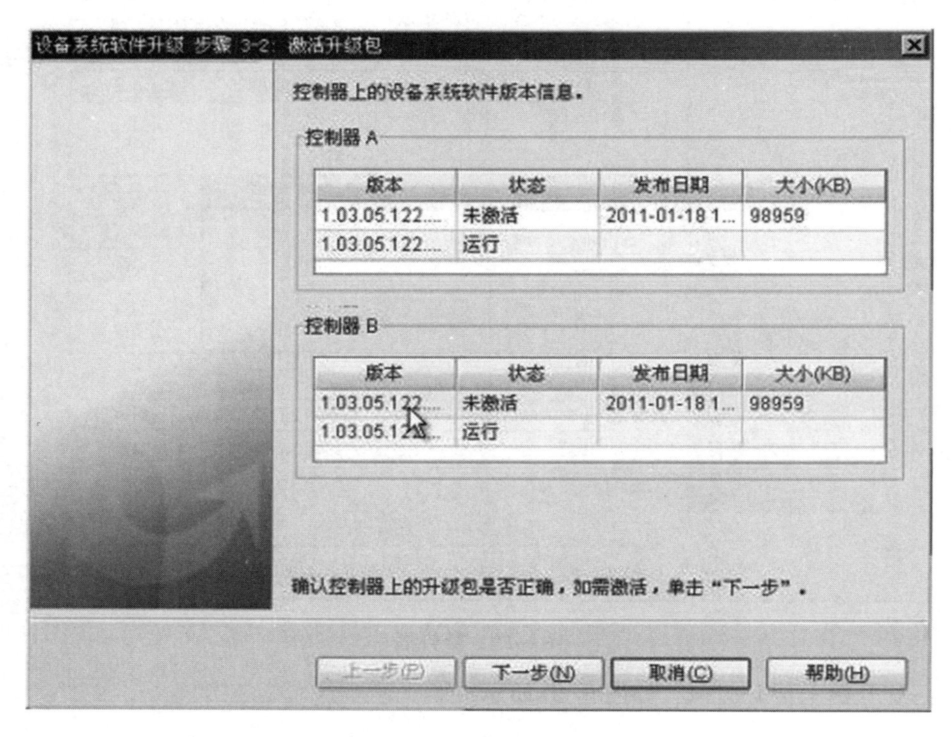

图 6-61　激活升级包

7）单击“下一步”按钮，弹出警告框，如图 6-62 所示。如果继续升级，勾选下面的复选框并单击“确定”按钮，开始激活升级包。整个升级过程需要 25 ~ 30min，如图 6-63 所示。

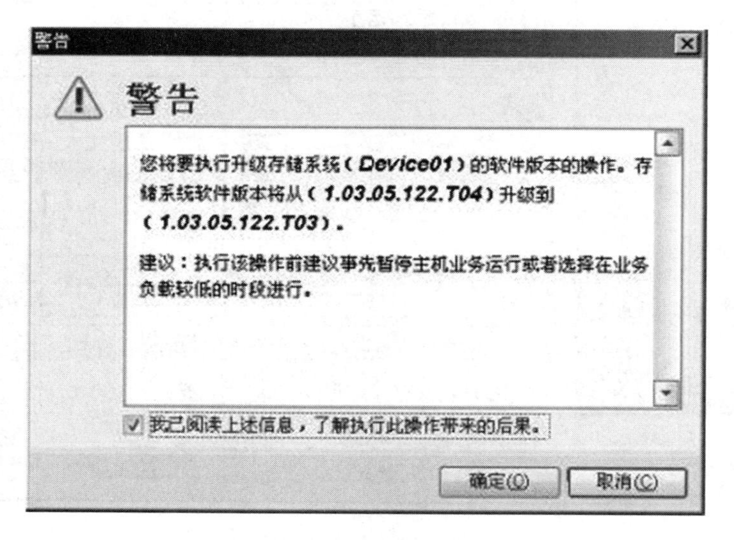

图 6-62　警告框

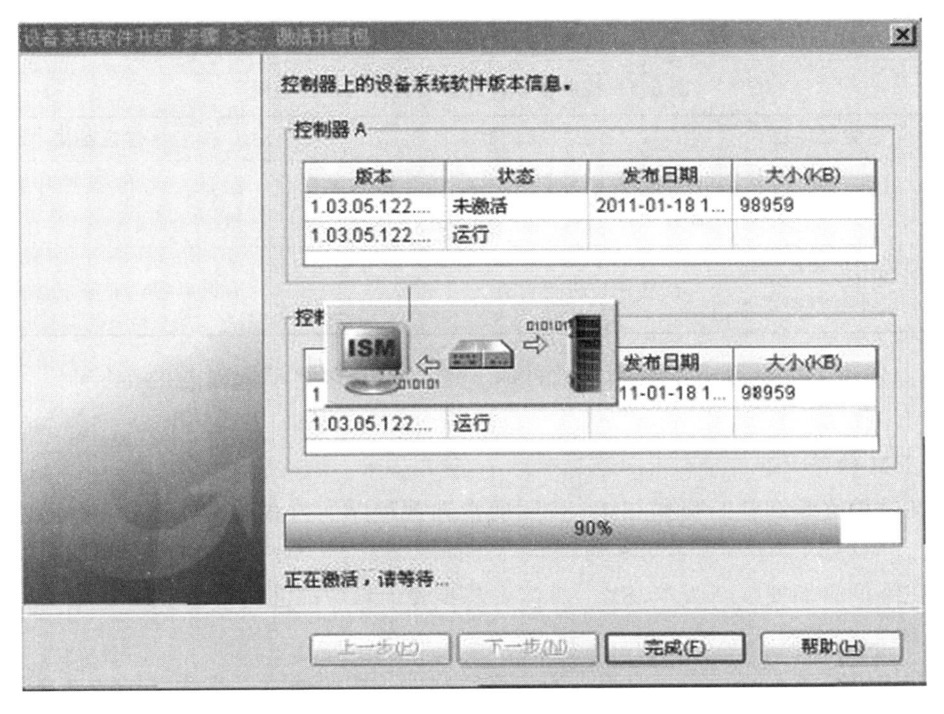

图 6-63　激活升级包

8）升级成功后，检查软件版本是否与升级包版本一致。单击“完成”按钮，系统弹出提示框，提醒用户下载新的 ISM 软件管理阵列，如图 6-64 所示。

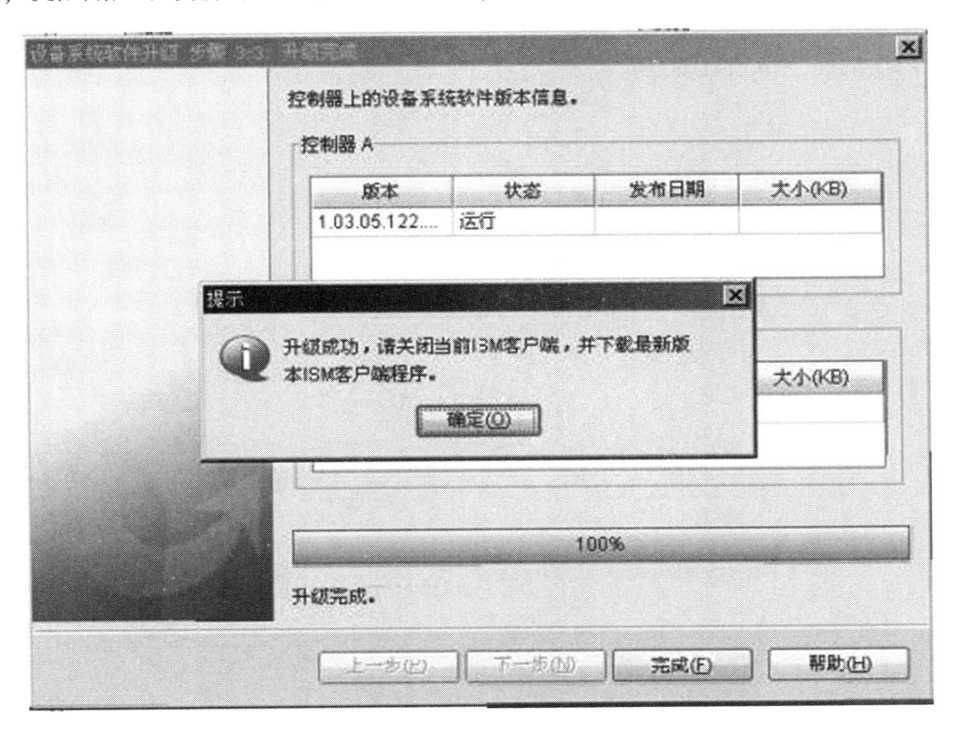

图 6-64　提示框

9）验证升级结果。控制器软件升级后验证项目检查表如表 6-3 所示。

表 6-3　控制器软件升级后验证项目检查表

序　号	验证项目	验证标准	验证结果
1	版本核对	确认控制软件版本已经升级为新的版本	验证结果与需要升级的版本一致
2	同用户确认升级后业务是否正常	配合用户进行检查	升级后各项业务正常

注意：通过 ISM 界面升级控制器软件时，需要将管理终端同时与两个控制器的管理网口连通。

（4）ISM 软件升级

1）在维护终端卸载旧版本 ISM，按照通常卸载程序的方式卸载，请参考软件自带的升级指导书。

2）在维护终端安装新版本 ISM，具体安装步骤请参考前面的章节。

（5）多路径升级

1）在主机服务器端，卸载旧版本的多路径软件，按照通常卸载程序的方式卸载，卸载完成后必须重启。请参考软件版本自带的升级指导书。

2）在主机服务器端，安装新版本多路径软件，安装完成后必须重启。

3）在主机端确认业务是否正常，硬盘是否正常。

6. 思考与练习

升级前后的注意事项有哪些？

第7章　LUN拷贝与快照技术

任务7.1　LUN拷贝

任务目标

1）熟练掌握LUN拷贝技术。

2）能够自主配置LUN拷贝。

LUN拷贝是一种数据拷贝技术，可以同时在设备内或设备间快速进行数据的传输，支持以下两种拷贝模式。

1）全量LUN拷贝：将所有数据进行完整的复制，需要暂停业务。该拷贝模式适用于数据迁移业务。

2）增量LUN拷贝：创建增量LUN拷贝后会对数据进行完整复制，以后每次拷贝都只复制自上次拷贝后更新的数据。因此其能够在对主机影响较小的情况下在线实现数据的快速迁移和备份，无需暂停业务。该拷贝模式适用于数据快速分发、数据集中备份业务。

LUN拷贝特性的典型应用场景包括数据迁移、数据快速分发和数据集中备份等。

1. 实验目标

熟练掌握LUN拷贝技术。

2. 实验时间

本实验要求15min内完成。

3. 实验硬件与软件版本

硬件设备：S2600，PC。

4. 实验具体步骤

1）在OceanStor ISM系统界面的导航栏中选择“LUN拷贝”项，单击右侧工具栏中的“创建”按钮，如图7-1所示。

2）打开创建LUN拷贝向导，在欢迎界面浏览创建LUN拷贝的整个过程，如图7-2所示。

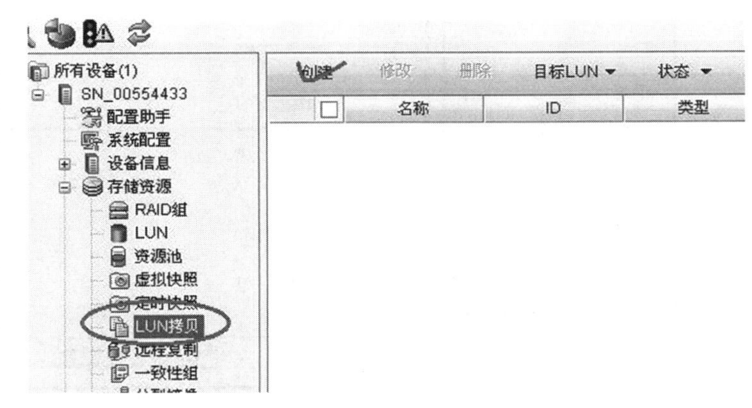

图7-1　创建LUN拷贝

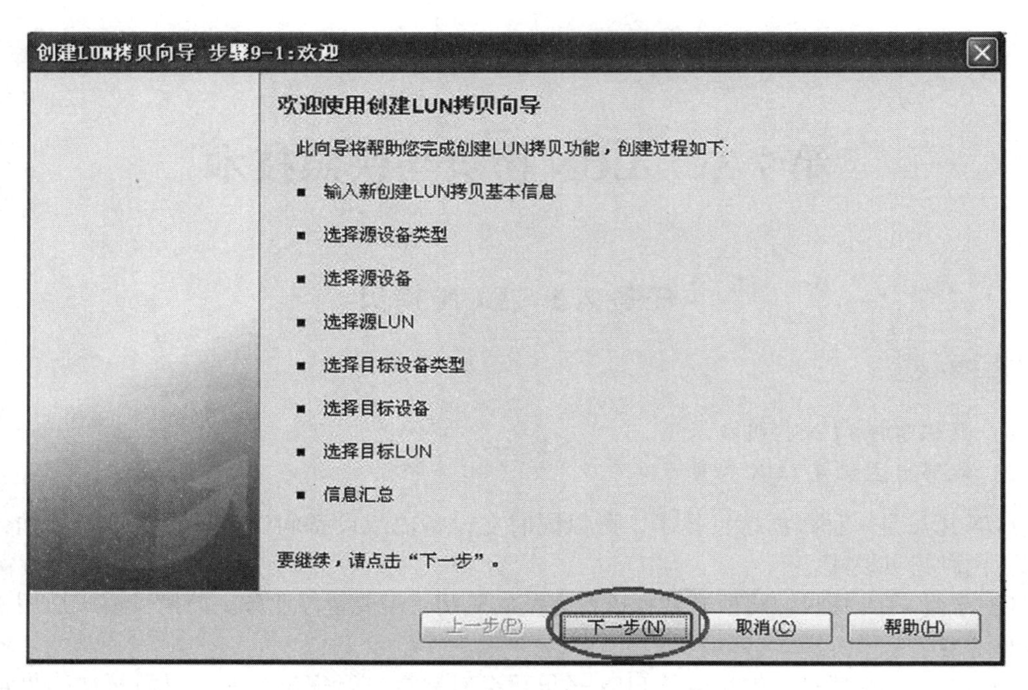

图 7-2　创建过程

3）单击“下一步”按钮，输入 LUN 拷贝的基本信息，包括 LUN 拷贝名称、拷贝速率、类型，如图 7-3 所示。

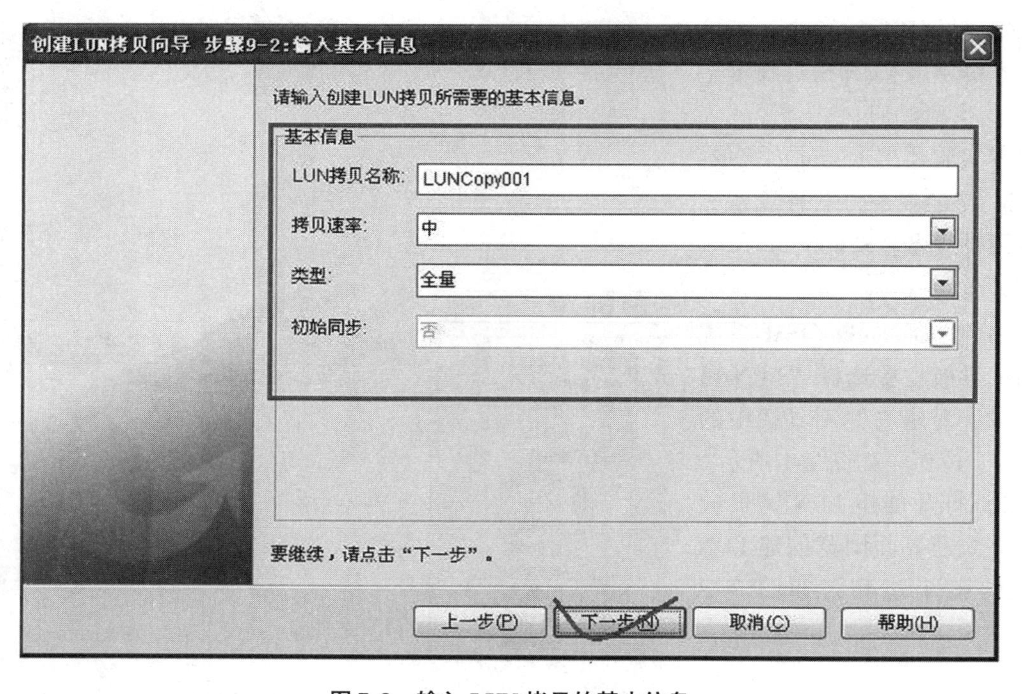

图 7-3　输入 LUN 拷贝的基本信息

4）单击“下一步”按钮，选择源设备类型及源设备，如图 7-4、图 7-5 所示。

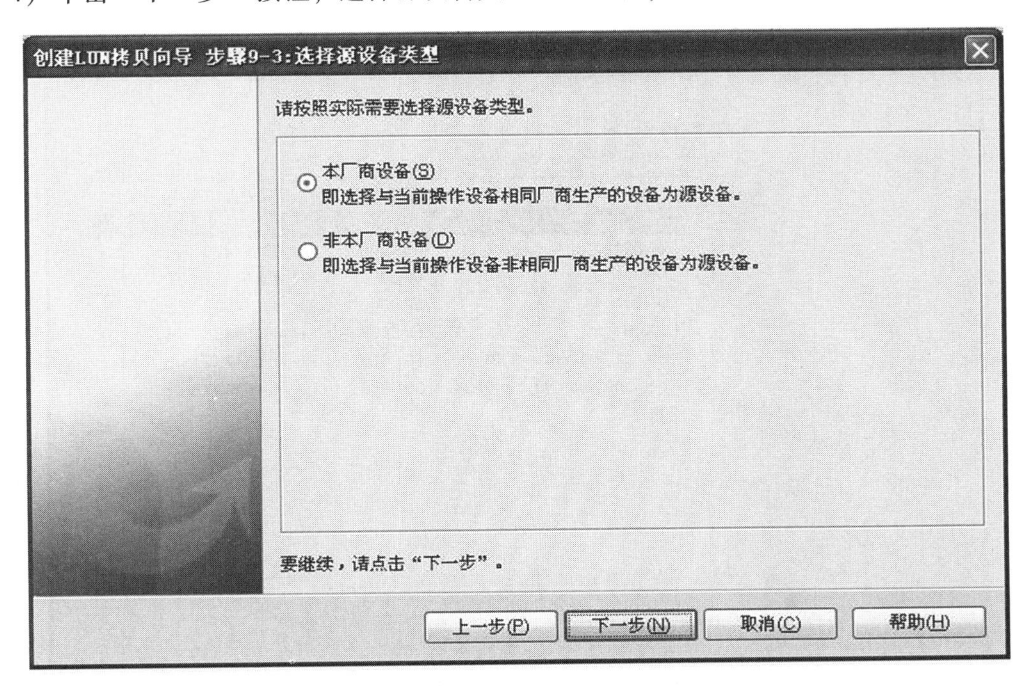

图 7-4　选择源设备类型

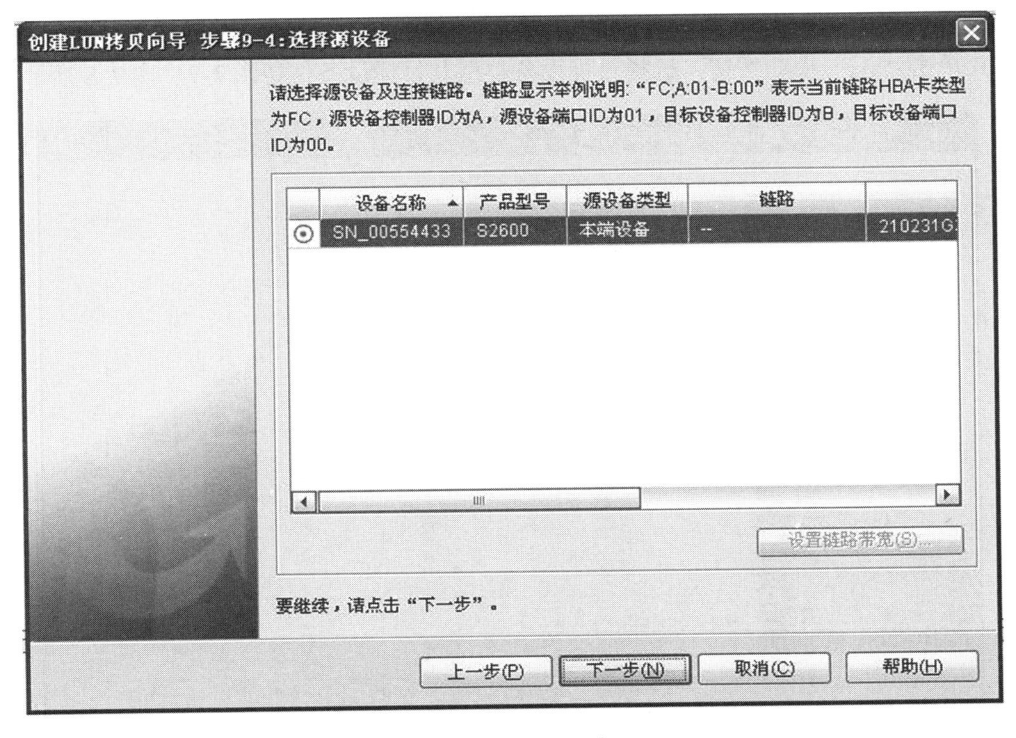

图 7-5　选择源设备

5）单击“下一步”按钮，选择源 LUN，即需要拷贝的 LUN，如图 7-6 所示。

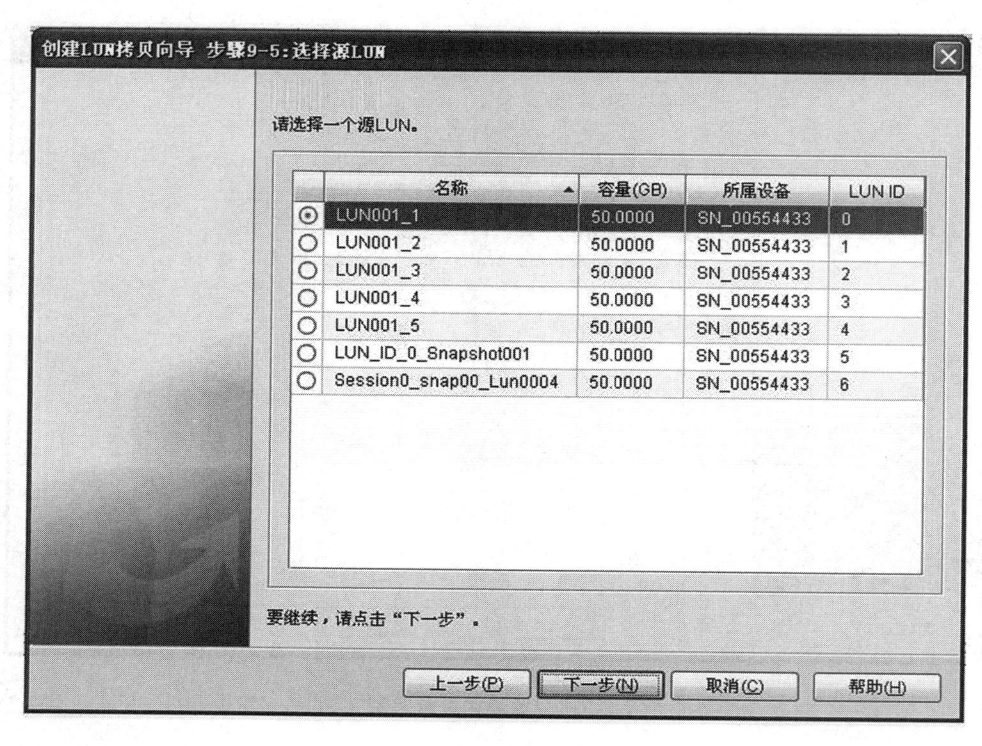

图 7-6　选择源 LUN

6）单击“下一步”按钮，选择目标设备类型及目标设备，如图 7-7、图 7-8 所示。

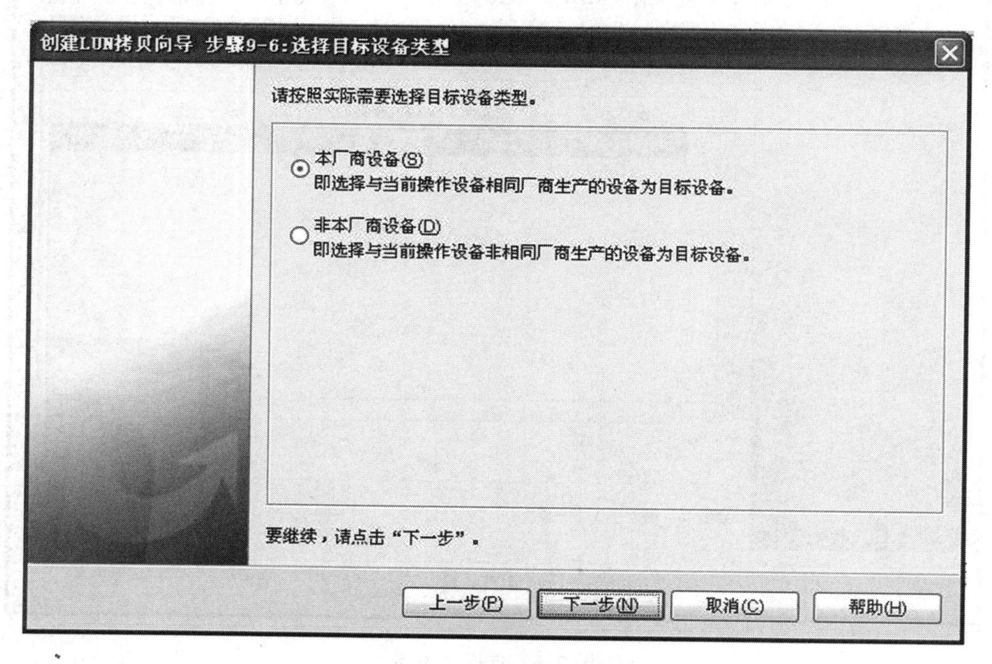

图 7-7　选择目标设备类型

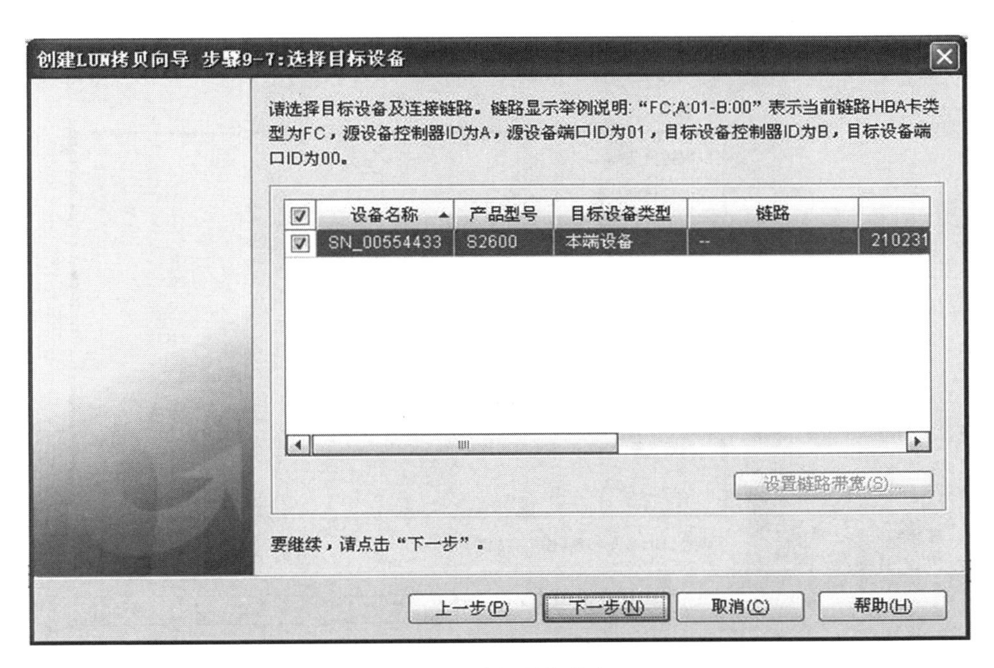

图 7-8　选择目标设备

7）单击“下一步”按钮，选择目标 LUN，即将源 LUN 拷贝到目标设备上的哪一个 LUN，如图 7-9 所示。

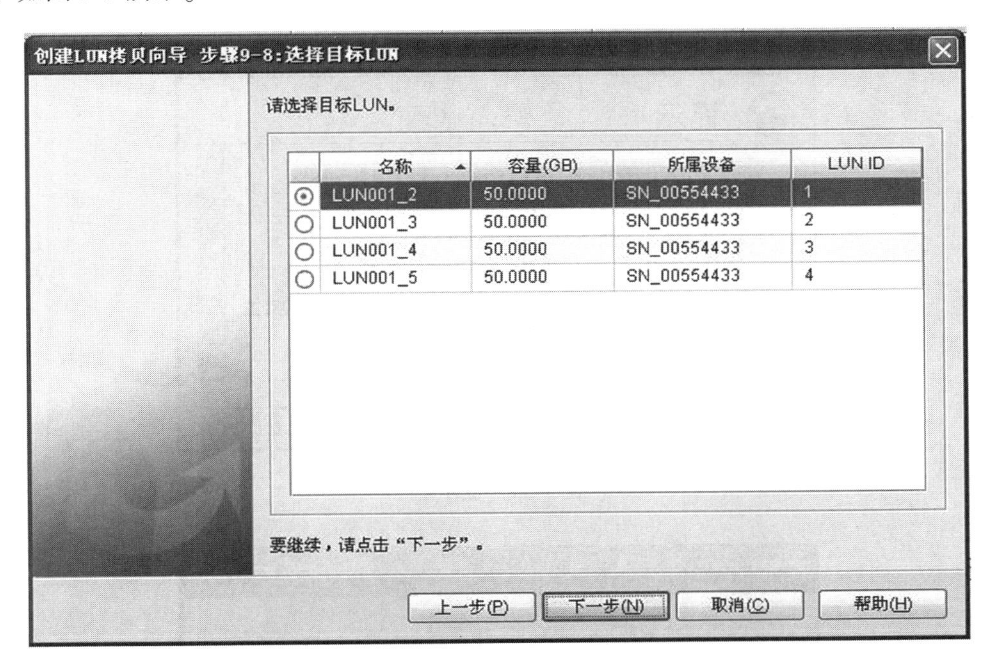

图 7-9　选择目标 LUN

8）单击“下一步”按钮，浏览信息汇总，核对信息是否正确，如图 7-10 所示。

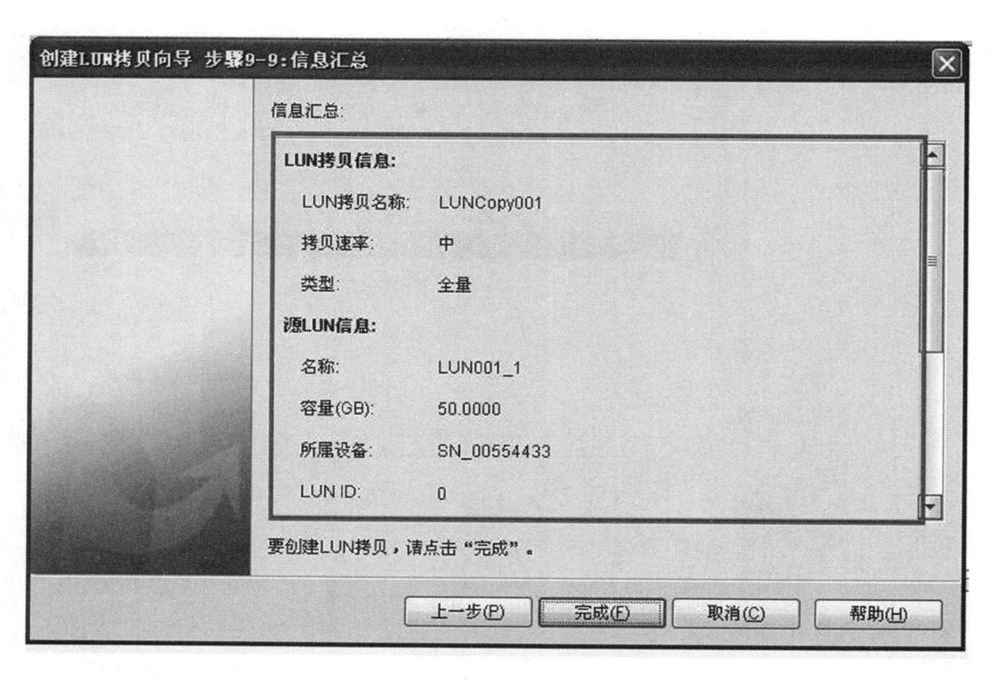

图 7-10　信息汇总

9）单击“确定”按钮，如图 7-11 所示。弹出提示框，如图 7-12 所示，再单击“确定”按钮。

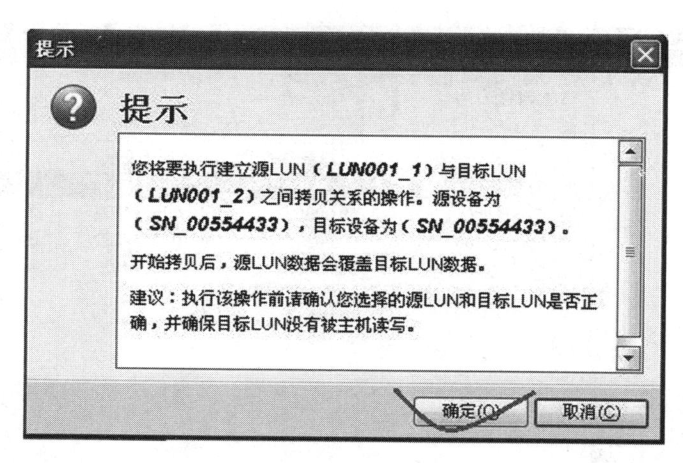

图 7-11　提示框

图 7-12　下发命令成功提示

10）创建成功之后，运行 LUN 拷贝。单击“状态”按钮，在下拉菜单中选择“开始”命令，如图 7-13 所示。弹出一个提示框，阅读提示信息，正确则单击“确定”按钮，如图 7-14 所示。

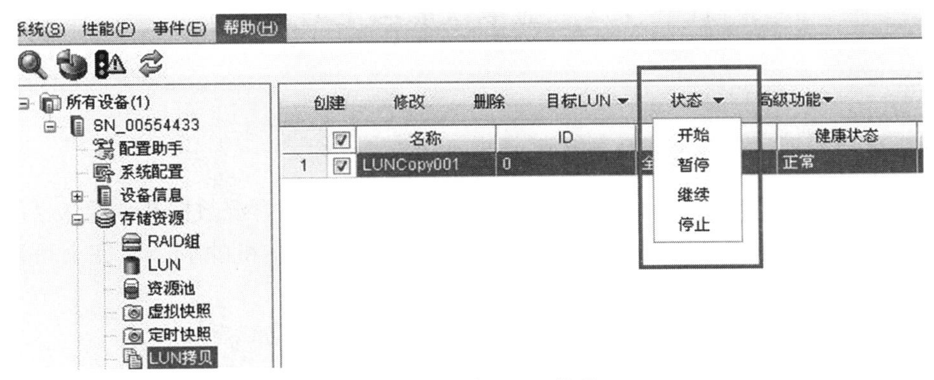

图 7-13　运行 LUN 拷贝

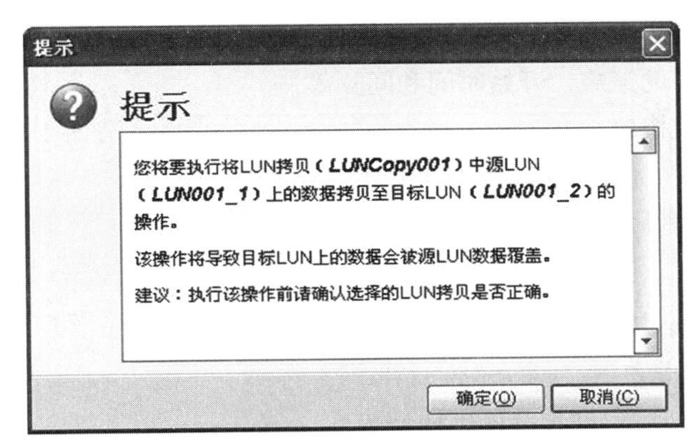

图 7-14　提示框

11）查看存储资源统计中的 LUN 拷贝数量，如图 7-15 所示。

图 7-15　查看 LUN 拷贝数量

5. 思考与练习

自主创建一个 LUN 拷贝并运行。

任务 7.2　虚拟快照与定时快照

任务目标

掌握快照的基本概念和使用快照技术的方法。

快照就是对指定数据集合的一个完全可用拷贝，该拷贝包含源数据在快照激活时间点的静态映像。其中，数据集合对存储阵列来说就是可以映射给主机的 LUN，完全可用是指可以正常读写，时间点表示数据具有一致性。

虚拟快照是快照技术中的一种，又称指针式快照，其特点如下：

1）不做数据完整复制。

2）通过映射表来定位数据位置。

定时快照的特点如下：

1）制定生成快照的策略、开始时间和间隔等。

2）定时自动生成快照。

1. 实验目标

熟练使用虚拟快照与定时快照。

2. 实验时间

本实验要求 30min 内完成。

3. 实验环境搭建与组网

虚拟快照与定时快照组网与硬件结构如图 7-16 所示。

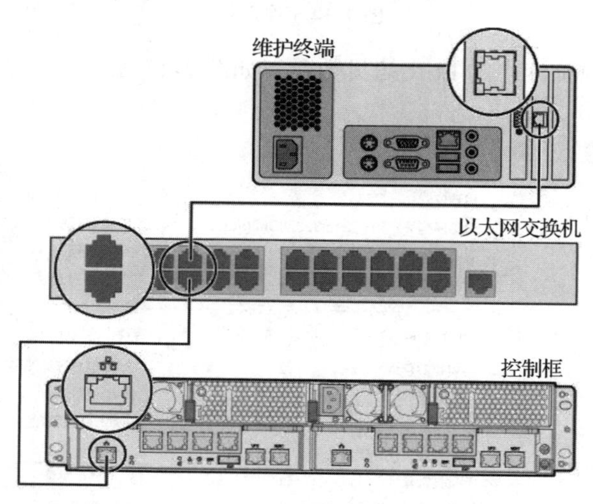

图 7-16　虚拟快照与定时快照组网与硬件结构

4. 实验硬件与软件版本

硬件设备：S2600 和 PC 各 1 台。

5. 实验具体步骤

(1) 创建虚拟快照

1）在 OceanStor ISM 中连接上存储产品，在系统界面的导航栏中选择“虚拟快照”项，然后在右侧工具栏中单击“创建”按钮，如图 7-17 所示。

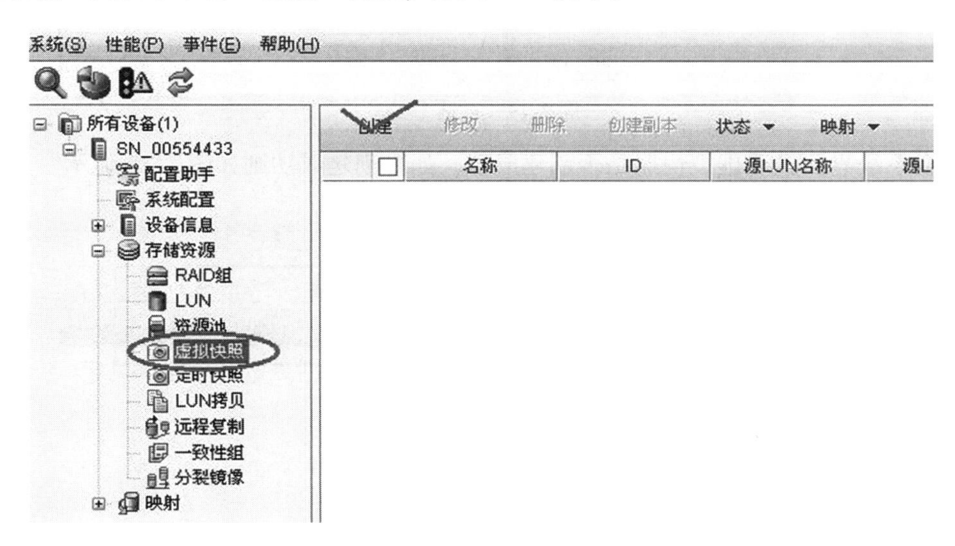

图 7-17　虚拟快照

2）打开“创建虚拟快照”对话框，如图 7-18 所示。可以根据需求选择可选源 LUN，勾选要添加的 LUN，单击下移按钮，或者后面的全部下移按钮。

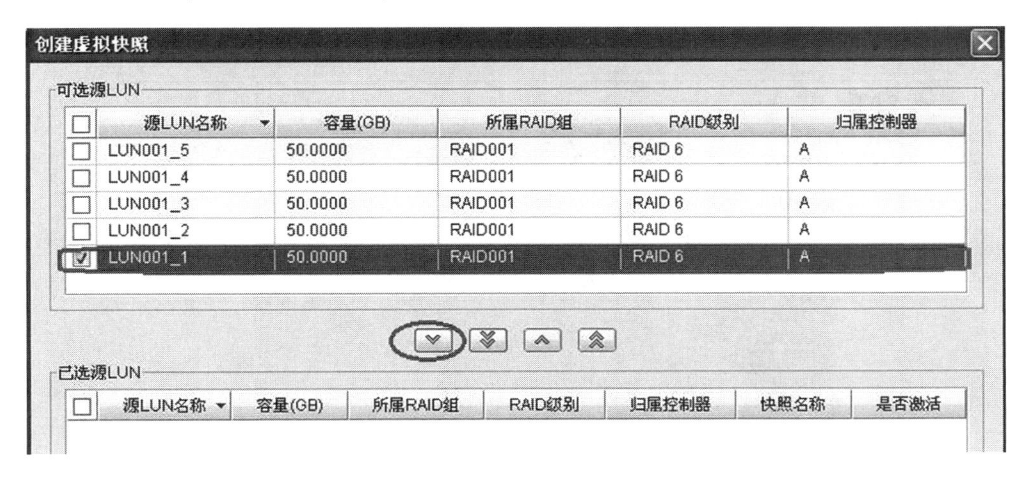

图 7-18　创建虚拟快照

3）添加后，下面“已选源 LUN”列表中就会显示出已经添加的 LUN，如图 7-19 所示，然后单击“确定”按钮。

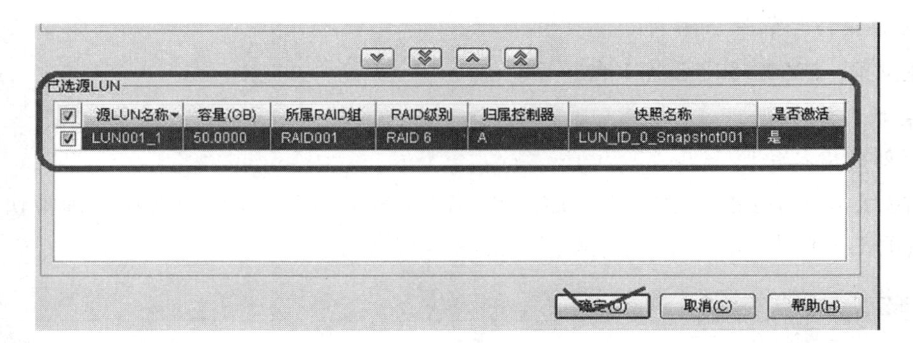

图 7-19　已选 LUN

4）在系统界面查看虚拟快照是否创建成功，如果创建成功则如图 7-20 显示。

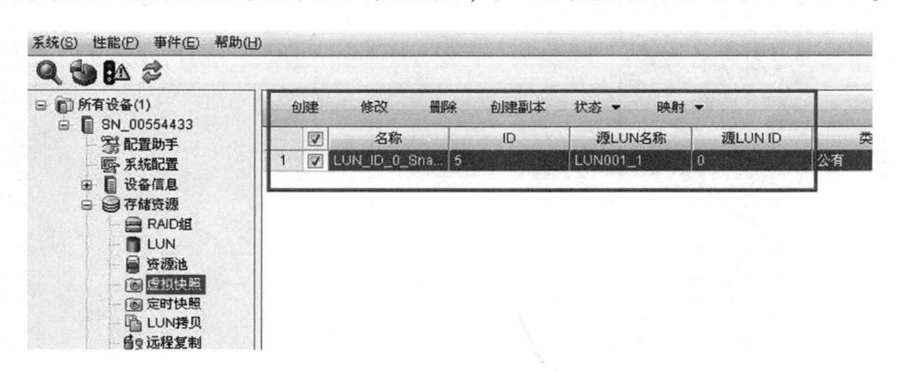

图 7-20　虚拟快照创建成功

（2）创建定时快照

1）在 OceanStor ISM 的系统界面的导航栏中选择“定时快照”项，单击右侧工具栏中的“创建”按钮，如图 7-21 所示。

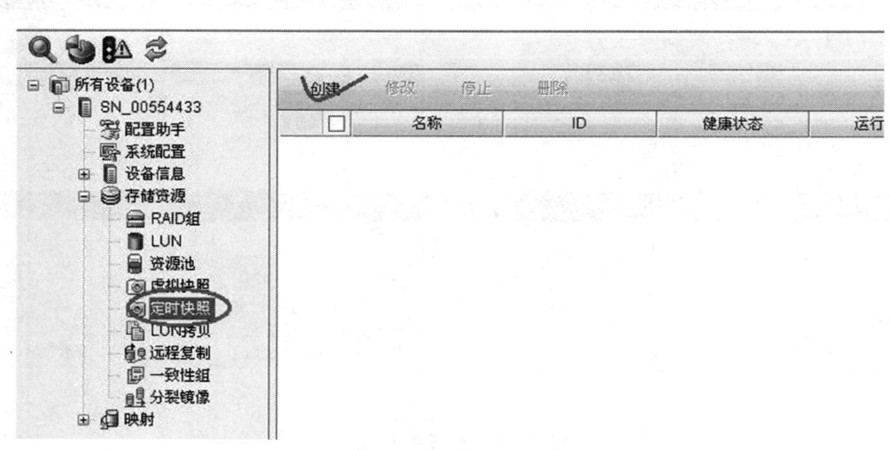

图 7-21　定时快照

2）打开“创建定时快照”对话框，如图 7-22 所示，设置时间间隔、次数和开始时间，在“可选源 LUN”列表框中选择要添加的 LUN，单击下移按钮。

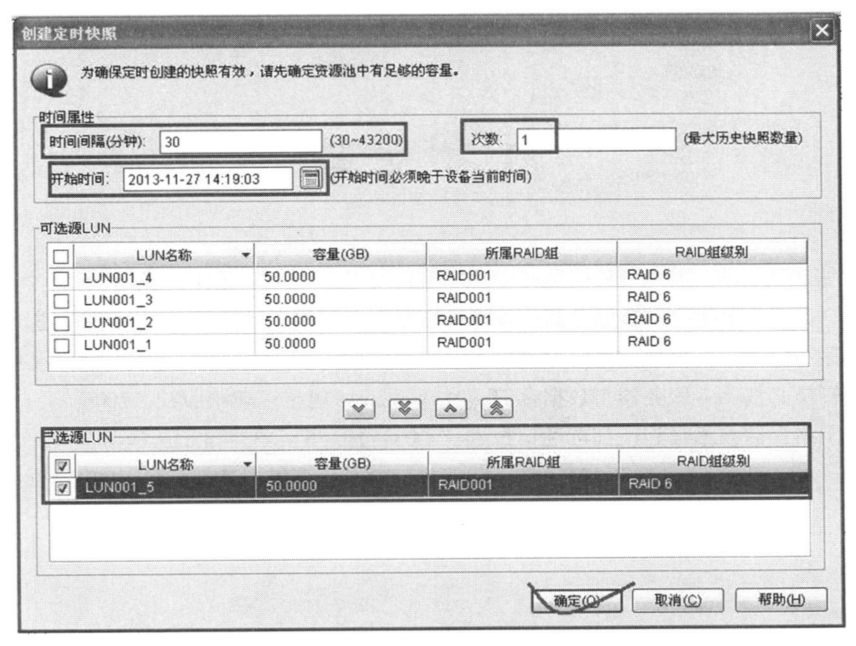

图 7-22　创建定时快照

3）单击“确定”按钮，弹出操作成功信息框，如图 7-23 所示。

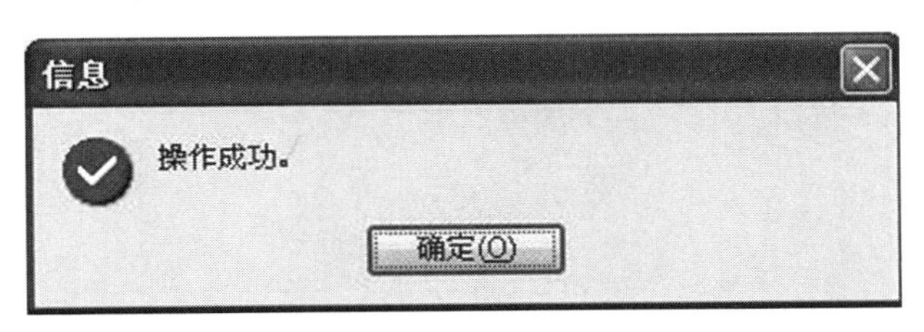

图 7-23　操作成功信息框

4）在系统界面查看创建结果，如图 7-24 所示。

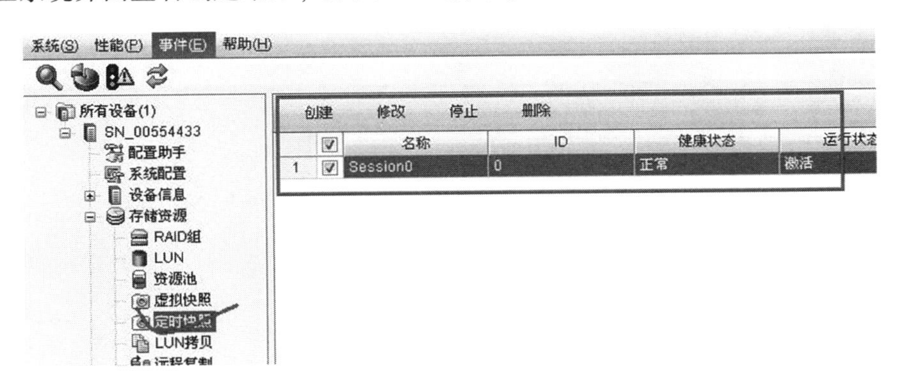

图 7-24　创建结果

6. 思考与练习

自己创建虚拟快照和定时快照 。

参 考 文 献

[1] 刘晓辉，张东明，等. 网络硬件安装与管理［M］. 2 版. 北京：电子工业出版社，2009.
[2] 旋动数据. 存储的奥秘——数据存储、备份与恢复完全解析［M］. 北京：中国铁道出版社，2009.
[3] 张东. 大话存储——网络存储系统原理精解与最佳实践［M］. 北京：清华大学出版社，2008.
[4] 王达. 网管员必读——服务器与数据存储［M］. 北京：电子工业出版社，2005.
[5] 王培玉. 网络存储技术［J］. 江苏通信技术，2003，19（5）：35 – 37.
[6] 周可，黄永峰，张江陵. 网络存储技术研究［J］. 电子计算机与外部设备，2000（2）：12 – 14.